沧海云帆：
中国近现代海军图集大全③

# 五色共和
## THE REPUBLIC OF FIVE COLORS

民国初年舰船图集 1912—1931
The Atlas of ROCN Ships in Early Age 1912–1931

作者 / 插画　姚开阳

上海社会科学院出版社

### 图书在版编目（CIP）数据

五色共和：民国初年舰船图集：1912—1931 / 姚开阳著 . -- 上海：上海社会科学院出版社，2018
（沧海云帆：中国近现代海军图集大全）
ISBN 978-7-5520-2230-8
Ⅰ . ①五… Ⅱ . ①姚… Ⅲ . ①军用船－中国－民国－图集 Ⅳ . ① E925.6-092

中国版本图书馆 CIP 数据核字 (2018) 第 020202 号

## 五色共和：民国初年舰船图集 1912—1931

| 作　　者： | 姚开阳 |
|---|---|
| 责任编辑： | 黄飞立 |
| 封面设计： | 王　川 |
| 出版发行： | 上海社会科学院出版社 |
| | 上海市顺昌路 622 号 邮编 200025 |
| | 电话总机 021-63315900 销售热线 021-53063735 |
| | http://www.sassp.org.cn　E-mail:sassp@sass.org.cn |
| 印　　刷： | 上海展强印刷有限公司 |
| 开　　本： | 890×1240 毫米　1/16 |
| 印　　张： | 16.5 |
| 字　　数： | 70 千字 |
| 版　　次： | 2018 年 5 月第 1 版　2018 年 5 月第 1 次印刷 |

ISBN 978-7-5520-2230-8/E·018　　　　　　　　　　　　　　　　定价：198.00 元

版权所有　翻印必究

# 作者序

本书的时间段从1912年民国成立到1931年九一八事变前夕，中间历经辛亥革命、二次革命、第一次世界大战、护法运动、广东军政府、军阀内战、列强对华禁运、北伐与南京政权的成立等，时间虽然只有短短的19年，内容却非常丰富。

1911年10月武昌起义时，清廷派萨镇冰率海军舰队开赴武汉江面镇压，这对起义军本来是压倒性的优势，但受西方教育的海军军官普遍向往民主宪政，在阵前倒戈投向革命，这是造成清室退位的重要因素。民国成立后海军重组，更换旗帜，连制服都一夕之间改变。民国初建，海军提出规模宏大的造舰扩充计划，但因国家财政困难，连清末订造的许多军舰都因付不出尾款而被取消，这份计划遂成为空中楼阁。之后孙中山因与袁世凯的矛盾引发二次革命，海军也有参与。这些在本书都有许多图文篇幅予以介绍。

第一次世界大战也是这一段时间内发生的重大事件，虽然中国没有直接派军参战，但德国在胶州湾殖民地的战事和从青岛出发的德国舰队所参与的几场海战在世界海军史上都是非常著名的。而因为中国参战接收的德、奥战利舰及以此为基础派赴东北的吉黑江防舰队也是后来东北海军的滥觞。至于海军南下的护法运动，其起因也与府院争议中国是否要参战直接有关，而第一次世界大战末期海军还派军舰参加协约国的海参崴占领军。这些因第一次世界大战而起的海军重大事件构成本书的主要部分。

孙中山三度开府广州，靠的就是海军护法舰队的支持，而当时的军阀内战让列强对中国实施武器禁运，造成这一时期中国无法从外界获得任何武器装备，包括作战舰艇与火炮，甚至连训练与维修都因之而停滞。当时只能改装民用船只作为军舰，成为这一段时间的特色。这一限制直到1927年之后北伐结束，中国形式上统一才被解除。而北伐中海军部分的战事，及当时发生的反帝排外运动都有许多与舰船相关的内容值得纳入。

军阀内战的因缘际会创造了曾经是中国实力最强大的东北舰队，在沈鸿烈率领下进行了好几场战斗，这在中国海军历史上是很罕见的。除了东北舰队，还有另一支地方海军势力，这就是广东海军，其领军人物陈策与沈鸿烈同样足智多谋，人称"北有沈鸿烈，南有陈策"。这两支海军舰队在历史上也多有交集，不少军舰时而投靠东北，时而投靠广东，来回摇摆，但奇怪的是留下的图像资料却非常少。本书非常难得，可以让大家看到东北与广东海军所有舰艇非常清晰的彩图，这在中国海军史上还是第一次。

本集还将介绍中国海关的舰艇。近代中国海关的性质很特殊，高层职员全部由西方人担任，因为当时是将海关税收作为对列强赔款的抵押，因此海关成为中国政府中最有效率的部门。海关也是中国近代海军的催生者，从阿思本舰队开始到李鸿章向英国采购蚊子炮船，都是由海关一手经办的。海关本身更有一支规模庞大的缉私船队，舰长与军官全部是洋人，华人只能担任水手，相较于当时实力薄弱的中国海军，海关舰队实力更强大，预算也比较多，是一支准海军力量。当时海关还监管海务，包括海图测绘、灯塔管理等，这一职责在台湾延续到21世纪后才交还交通部门。同时我们把抗战前的中国水警舰艇也专列一篇，而且包括1930年代香港英国海军打击水匪的一些特殊故事，通过大量图文让读者有机会一窥这个过去相对冷门但却丰富有趣的领域。

本丛书采用先"从舰"后"从时间轴"的写作编排原则，也就是以舰船订造的时间为准，尽量将这艘军舰一生的经历都在同一篇章内介绍完毕。但因早年中国舰艇服役的时间很长，所以在叙述某一历史事件时，参与的舰艇可能来自不同的时代。因此读者必须了解，虽然本书标定的时间是1912至1931年，但当叙述辛亥革命时，不免出现许多已经在上一集介绍过的清代舰艇，而有些又会继续出现在下一集的海军抗战历史中，这是不可避免的。

本集仍维持上一集的特色，有许多珍贵的照片以及精致的水彩插画，从而使本书具备了典藏的价值。我们是以"决定版"的心情在做这本书，期待您也以"决定版"的心情来收藏它。

中国军舰博物馆馆长
姚开阳

# 目 录

作者彩插   1

## 民国初年   65

海军与辛亥革命   66
萨镇冰与辛亥革命   70
民初海军舰队编制   71
民初海军扩张计划案   72
永健、永绩   73
建中、永安、拱辰   77
海鸿、海鹄、海燕、海鹤、海鸥、海凫   78

## 第一次世界大战   83

从青岛出发   84
青岛与斯佩分舰队   87
"S90"号鱼雷艇击沉"高千穗"号巡洋舰   92
飞出青岛   99
第一次世界大战与护法舰队   108
从护法舰队、渤海舰队到东北海军   110
出兵海参崴   112
中国海军史上第一次获得战利舰   121
利捷、利绥   122
华甲、华乙（华安）、华丙（普安）、华丁、靖安、华戊、华己、华庚、华辛、华壬、华癸（克安/九华）、华大、华利   125
利通   134

## 禁运时期   135

武器禁运与代用炮舰   136
楚材（楚振）、楚安、楚信、楚义、鄂巡、襄巡   137
威胜（决川/永兴）、德胜（濬蜀/文殊）   139
诚胜、勇胜、公胜、义胜、正胜、武胜   144
顺胜   151
武胜、绥胜、捷胜   153
青天、曦日（联鲸）   154
景星（海鹰）、庆云（海鹏）   156
甘露   158

## 北伐   159

苏联军舰运补黄埔军校   160
"海军沪队"归顺   162
龙潭之役   163
西征舰队   164
万县事件   165
南京事件   166
电影《圣保罗号炮艇》   167

## 东北海军   169

| | |
|---|---|
| 东北海军的源起与组成 | 170 |
| 东北海军舰队编制 | 174 |
| 镇海 | 176 |
| 威海、定海 | 178 |
| 江平、江安、江通、江清、江泰 | 179 |
| 利济、海骏、海蓬、海清、飞鹰、飞鹏、利用 | 180 |
| "东乙"号驳船 | 182 |
| 东北海军的战役与事件 | 185 |
| 东北海军与青岛系 | 188 |

## 广东海军 189

| | |
|---|---|
| 关于广东海军的舰艇 | 190 |
| 海周 | 192 |
| 海虎 | 194 |
| 福游 | 195 |
| 海鹜 | 196 |
| 仲元、仲凯 | 199 |
| 坚如、执信 | 201 |
| 一号雷舰、二号雷舰 | 202 |
| 三号雷舰、四号雷舰 | 204 |
| 黄埔海校 | 206 |

## 海关缉私舰队 209

| | |
|---|---|
| 海关缉私舰队 | 210 |
| 专条、厘金、开办、飞虎、凌风、并征、流星 | 211 |
| 江苏仔、伶仃仔、虎门仔、珠江仔 | 222 |
| 福星、海星、春星、华星、联星、飞星、德星、和星、文星、运星、叔星、查星、海平、海辉、海澄、海安、海晏、海清、海绥、关权、关雷、关衡、关威、北斗、长庚、海光、净光 | 225 |
| 江隆、江平、江星 | 238 |
| 澄海、开海 | 238 |

## 水警舰艇 239

| | |
|---|---|
| 伯先、复炎、嘉禄、黎明、复兴、镇虞、靖湖 | 240 |
| 超武、新宝顺、太安、海平、海静、海鸥、海鹚、海光、海声、克强、致果、翊麾 | 246 |
| 安华、安民、安宁、忠孝、仁爱、第一号巡艇至第六号巡艇、长江 | 248 |

## 附录 249

| | |
|---|---|
| 中国海军旗与国旗的关系 | 250 |
| 民国初年的海盗问题 | 252 |
| 作者姚开阳 | 255 |
| 关于本书彩插 | 257 |

## 五色共和

图为海军宿将萨镇冰在民国初年北洋政府时代穿着当时的海军军服，注意帽徽上的五色星代表当时的国旗五色旗。

就如清朝的黄龙国旗来自海军旗，五色旗其实也是源自清代水师的官旗，孙中山以此为理由加以反对，坚持要以陆皓东设计的青天白日旗作为民国的国旗。经各方商议，最终国旗仍采用五色旗，孙中山建议的青天白日旗被加上满地红背景作为海军旗使用，悬挂于军舰舰艉，舰艏旗则用五色国旗。至于陆军军旗，则采用武昌起义时使用的代表十八省独立的十八星旗，造成三种旗帜图案完全不相关的特例。

北洋政府把五色旗的寓意解释为五族共和，这一点在萨镇冰身上特别突出，因为他不是汉人，而是所谓"色目人"，因此他在辛亥革命时的政治立场也就更加值得探讨。

|| 五色共和—民国初年舰船图集 1912—1931 ||

# 黄鹤楼前的舰队

1911年10月10日，武昌起义爆发，清廷急忙调遣大批舰艇由萨镇冰率领溯长江而上抵达武汉江面，准备配合陆军镇压起义军。相对于没有军舰的起义军，清廷海军无论在舰炮口径、数量还是机动性上都占有绝对优势。但海军官兵受西方思想影响较深，普遍向往民主共和，加上汉人官兵比例高于满人，最后也终于易帜参加起义。海军的起义直接促成了清皇室的退位，因此民国的建立，海军也功不可没。

辛亥革命时的黄鹤楼其实是幢小洋楼，是在原来的中国式宝塔于1884年被焚毁后重新修建的。1985年黄鹤楼再度重建，由于原来的位置已经在1957年建造长江大桥时成为引桥，所以新的黄鹤楼建在离原址1000米的蛇山顶上，而且比之前任何时期的黄鹤楼都要大许多。本图呈现了1911年10月时小洋楼式样的黄鹤楼，这也是许多辛亥革命宣传画中黄鹤楼的模样。

辛亥革命爆发，湖广总督瑞澂一家连夜出走藏身于"楚豫"号炮舰上。（请参阅"海军与辛亥革命"/第66页）

清廷调派海军舰队由萨镇冰率领赶赴武昌江面镇压起义,虽然最大的"海圻"舰正好出访,但其余的舰艇对于没有海军的起义军仍占有压倒性优势。所以一开始萨镇冰给朝廷发的电报还是很乐观的。(请参阅"海军与辛亥革命"/第66页)

武昌江面的清军战舰虽然频频发炮，但经常故意瞄不准，让炮弹在空地爆炸，久而久之起义军方面也心领神会，黎元洪多次亲笔写信给萨镇冰，都尊称其为老师（黎元洪原来就是海军出身，曾参加过甲午海战），派遣密使携信登舰劝萨镇冰支持起义。（请参阅"萨镇冰与辛亥革命"/第70页）

虽然清舰队一开始倾巢出动大军压境，但随着时间推移，萨镇冰以冬季枯水期近，吃水深的舰艇恐有搁浅之虞为由，令最大的"海容""海筹""海琛"三大舰离开武昌江面下驶，让武昌起义革命军的压力减轻不少。（请参阅"萨镇冰与辛亥革命"／第 70 页）

| 五色共和—民国初年舰船图集 1912—1931 |

清廷派往武昌的海军舰队中的汉人军官普遍赞同革命,萨镇冰虽赞同民主共和,但不愿意打内战,而且也反对孙中山"驱除鞑虏"的主张,两难之下只好称病离任,搭乘小火轮顺江而下来到上海隐居,离去时以灯光信号告知各舰:"我去矣,以后军事,尔等各船艇好自为之。"(请参阅"萨镇冰与辛亥革命"/第70页)

"永健"号炮舰于1920年底抵达海参崴，加入协约国的干涉部队，替代已经在此驻守达两年的"海容"号轻巡洋舰回国。（请参阅"永健、永绩"/第73页）

直奉战争中东北军占领大沽船坞后,张学良将1917年建造的"海燕"号炮艇留作自己的游艇,在船的后舱是一间安放一张大铜床的豪华套房。图为"海燕"号炮艇在青岛,不过张学良的元配夫人于凤至很少来这儿,大部分都是谷瑞玉陪同。(请参阅"海鸿、海鹄、海燕、海鹤、海鸥、海凫"/第78页)

因为青岛是德国殖民地，也让中国"有幸"在世界海军史上"留名"。图为德国的盟友奥匈帝国皇家海军长驻中国的巡洋舰"凯瑟琳·伊丽莎白"号（SMS Kaiserin Elisabeth，以青岛为母港）。1914年第一次世界大战爆发，9月6日，本舰遭到从日本水上飞机母舰"若宫"号起飞的"法尔芒"（Farman）11式飞机的炸弹攻击，成为人类历史上第一次空对海作战。（请参阅"从青岛出发"/第84页）

德国轻巡洋舰"埃姆登"号（SMS Emden，有的翻译为"恩登"号）1910年4月1日正式加入德国东亚舰队（Ostasiengeschwader），被派往德国在中国的殖民地胶州湾，长驻青岛，1914年8月第一次世界大战爆发前，"埃姆登"号由青岛出港赴印度洋担任海上袭击舰，创造了举世闻名的传奇战绩。（请参阅"青岛与斯佩分舰队"／第87页）

1914年战争爆发前夕,为避免英军封锁,驻青岛德国太平洋舰队"谢霍斯特"号(SMS Scharnhorst)、"格雷兹瑙"号(SMS Gneisenau)两艘装甲巡洋舰由司令马克西米利·冯·斯佩(Maximilian von Spee)伯爵率领抢先出海。两舰在1914年10月21日的柯罗内尔海战(The Battle of Coronel)中击沉两艘英国装甲巡洋舰,获得全胜,但在12月8日的福克兰群岛海战中两舰先后被击沉,司令斯佩伯爵与他的两个儿子都在海战中阵亡。(请参阅"青岛与斯佩分舰队"/第87页)

1914年12月8日，斯佩分舰队的装甲巡洋舰"谢霍斯特"号、"格雷兹瑙"号与轻巡洋舰"纽伦堡"号（SMS Nürnberg）、"莱比锡"号（SMS Leipzig）被英国皇家海军斯特迪海军中将（Sir Frederick Doveton Sturdee RN）率领的以"无敌"号（HMS Invincible）、"不屈"号（HMS Inflexible）战列巡洋舰为核心的舰队在福克兰群岛击沉，司令斯佩伯爵与他的两个儿子同时阵亡。（请参阅"青岛与斯佩分舰队"/第87页）

1914年10月18日，德国皇家海军"SMS S90"号鱼雷艇在青岛击沉日本巡洋舰"高千穗"号。当时"高千穗"号正担负封锁线警戒任务，没有发现"S90"号鱼雷艇的靠近，又恰巧被击中弹药库，因而引起大爆炸，瞬间沉没。这可能是因长期担任警戒任务但都平安无事，疲乏麻痹造成的。（请参阅"S90号鱼雷艇击沉高千穗号巡洋舰"／第92页）

冈瑟·佩鲁斯肖（Gunther Plüschow）海军少尉在青岛驾驶"陶伯"式（Etrich-Rumpler Taube）飞机以手枪攻击日本飞机（日本仿制法国"法尔芒"式Maurice Farmans型飞机），据说这是世界首次空战。冈瑟·佩鲁斯肖后来以"飞出青岛"的传奇事迹闻名。（请参阅"飞出青岛"/第99页）

冈瑟·佩鲁斯肖少尉奉总督之命驾机携带秘密公文从即将被日军占领的青岛飞出，坠毁于江苏海州。后来他绕过大半个地球回到德国，传奇的脱逃事迹比电影剧本还精采。（请参阅"飞出青岛"/第99页）

| 五色共和—民国初年舰船图集 1912—1931 |

护法舰队进入广州，停泊于珠江码头前。从图片左起，依次是"飞鹰"舰、"永丰"舰、"楚豫"舰和"海琛"舰。其中"永丰"舰和广州的渊源最深。（请参阅"第一次世界大战与护法舰队"/第108页）

1914年第一次世界大战爆发，德国驻防在川江的"祖国"号（SMS Vaterland）与"水獭"号（SMS Otter）想要驶出长江，在南京下关被中国海军的"建安"舰与"联鲸"舰在草鞋峡扣押。1917年中国参战，根据战争法，3月18日，二舰被中国接收，"祖国"号改名"利绥"号，"水獭"号改名"利捷"号，加入中国海军。（请参阅"利捷、利绥"/第122页）

1917年中国参加第一次世界大战，对德国宣战，在广东珠江原已被解除武装的"特斯宁图"号（SMS Tsingtau）炮艇因留守的艇员不愿服从"永翔"舰的接收命令而于3月21日自沉。（请参阅"利捷、利绥"/第122页）

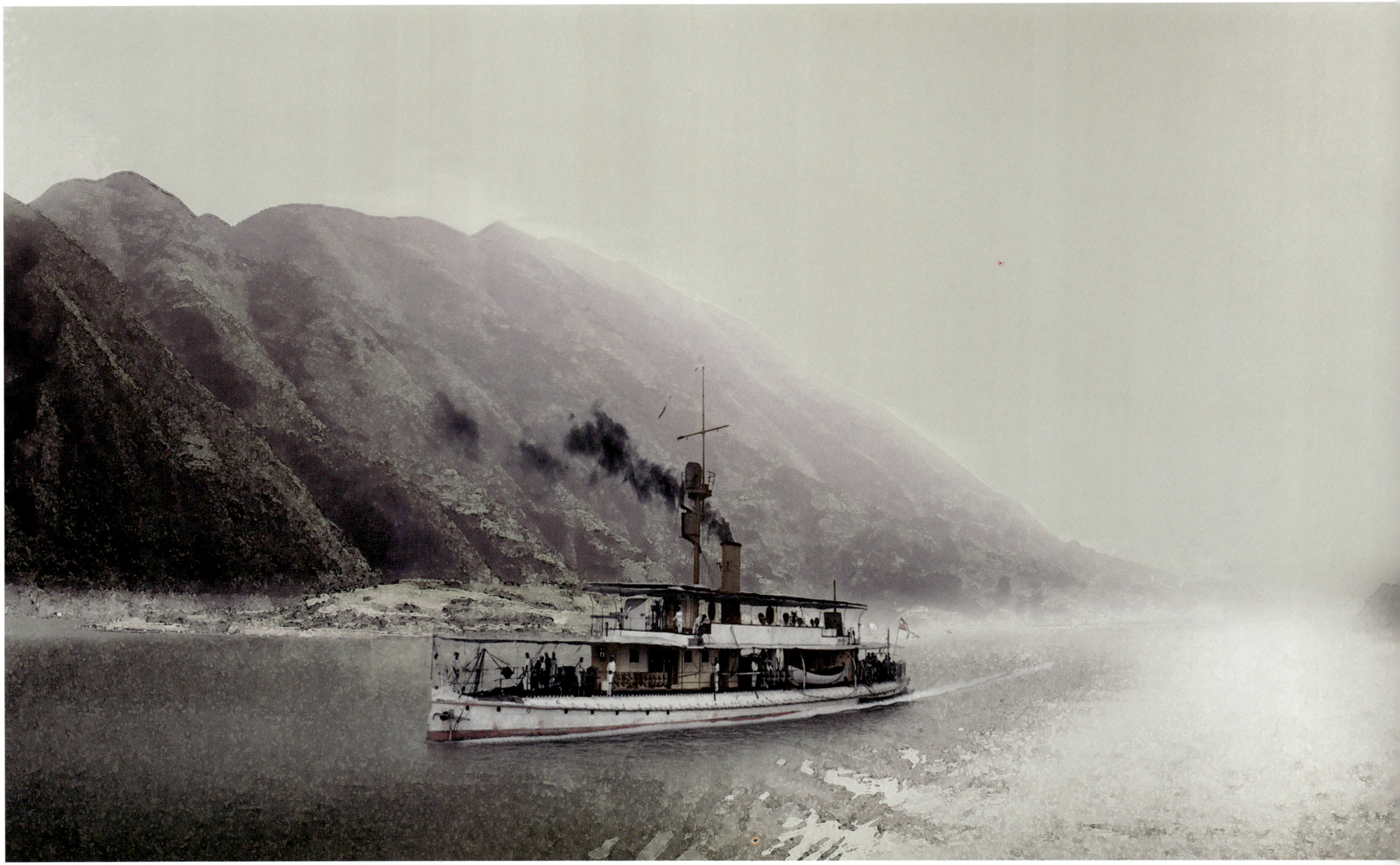

西方列强在中国取得内河航行权后，基于庚子事变的教训，为防止中国地方政府借故阻断航线，以效仿铁路派兵护路的方式，成立内河炮艇队随时巡弋，最远到达重庆。

在这一波当中新兴的德国也是不甘人后，在其国内订造了数艘内河浅水炮艇，先拆装运华，然后再组装，派驻在长江与广东的内河，包括"祖国"号、"特斯宁图"号和"水獭"号。由于缺少建造浅水炮艇的经验，德国是参照鱼雷艇的形式来设计的。

在还没有建成前，德国先在中国购买现成的扬子江客轮"梧州"号改装为炮舰，取名"弗尔沃特斯"号（SMS Vorwarts）。（请参阅"利捷、利绥"/第122页）

"利捷"号浅水炮舰正通过松花江大铁桥。相对于东北海军其他舰艇都是商船改装，来自德国战利舰的"利捷"号和"利绥"号可以说是正规的军舰，在东北海军还没有吞并渤海舰队之前居于核心地位。（请参阅"利捷、利绥"/ 第122页）

沈鸿烈根据"镇海"舰的使用经验，在排水量更大的德、奥战利舰"华甲"轮上装了14艘可搭载登陆部队的汽艇及8架能进行空中攻击的水上飞机，一个波次可登陆一个连，全船可装载1000名士兵，成为最原始的"两栖攻击舰"。可惜这艘轮船的机件已经磨损，完好率不高，因而很少出动，最后出售给政记轮船公司回归商船角色。（请参阅"华甲、华乙（华安）、华丙（普安）、华丁、靖安、华戊、华己、华庚、华辛、华壬、华癸（克安／九华）、华大、华利"／第125页）

1918年4月25日夜，段祺瑞从汉口乘"楚泰"号赴九江，由"楚材"舰护航，在武汉长江丹水池附近撞沉招商局大型江轮"江宽"号，船员、乘客总共1200人中溺毙约900人。"楚材"舰不但不停下救援，舰上士兵反以刺刀将攀附军舰舷侧的落水者一一驱离。事后罹难家属上告法院，法院屡传"楚材"舰长赵进锐，赵均拒到，北京政府官官相护，最后不了了之。（请参阅"楚材（楚振）、楚安、楚信、楚义、鄂巡、襄巡"/第137页）

陈绍宽受到东北海军以"镇海"舰搭载水上飞机突袭上海的刺激，也想效法用商船改装成水上飞机母舰，"德胜""威胜"舰就是这种思想的产物。但闽系军官向来保守，缺少沈鸿烈这种敢大胆创新的人，所以两舰终其一生也没有机会将水上飞机应用于实战，成了陈绍宽的效颦之作，最后在 1937 年抗战爆发后自沉于江阴用来阻塞航道。（请参阅"威胜（决川/永兴）、德胜（湔蜀/文殊）"/第 139 页）

"青天"号是国民政府海军海道测量局传统的舰名,图为第一代"青天"号测量舰在湖北荆州江面测绘海图。除了民国初期的第一代"青天"号外,抗战后从汪精卫伪政权海军接收的一艘535吨级原名为"鄱阳"号的测量舰也曾被命名为"青天"号。时至今日,台湾左营海军海道测量局的营区仍被命名为"青天营区"。(请参阅"青天、暾日(联鲸)"/第154页)

"瞰日"号测量舰就是由原来清末海军大臣载洵在上海江南造船厂建造的游艇"联鲸"号改装的,本舰是海道测量局一开始就装备的测量舰。海军测量舰的主要任务是海图测绘、航标安置与保养管理。由于中国内河航运发达,测量舰艇的需求量很大。"瞰日"号测量舰于1937年8月26日在通州洋面执行破坏灯标任务时被日舰及日机击沉。(请参阅"青天、瞰日(联鲸)"/第154页)

"甘露"舰原来是美国富豪的豪华游艇，第一次世界大战时被征用，最后流落英国，于1924年7月由中国海军海道测量局以22万银圆购得，作为测量舰使用。"甘露"舰是在列强对华武器禁运时代最有价值的一艘进口船舰，她也是中国海军有史以来第一艘柴油动力船舰。(请参阅"甘露"/第158页)

苏联军舰"沃罗夫斯基"号于 1924 年 10 月 8 日傍晚秘密抵达黄埔军校码头，与"永丰"舰互鸣礼炮致敬，并在次日卸下包括 8000 支步枪在内的大批枪械、火炮、弹药，还有大量资金。这批军火在两天后爆发的广州商团叛变事件中发挥了重要作用。若非"沃罗夫斯基"号及时到来，黄埔军校恐怕早已夭折，中国的近代史也必将被改写。（请参阅"苏联军舰运补黄埔军校"/ 第 160 页）

| 五色共和—民国初年舰船图集 1912—1931 |

1927年8月24日，第二舰队司令陈绍宽率领"楚有"舰、"楚同"舰和"楚观"舰三艘军舰在江面以火炮及舰艇冲撞方式，击沉孙传芳部队的许多渡江木船，孙军淹死无数，加上渡口被海军封锁，过江的孙部补给断绝，最后4万人淹死或战死，2万余人投降，孙传芳实力耗尽，从此退出政治舞台。这就是北伐历史上最重要，也是伤亡最大的"龙潭之役"。（请参阅"龙潭之役"/第163页）

1927年因容共问题，宁汉分裂，陈绍宽组织"西征舰队"由南京下关出发沿长江上驶，由商船改装的唐生智舰队在正式军舰面前不堪一击，全军溃败。陈绍宽将"永兴"舰与"文殊"舰俘虏带回，后来改装成水上飞机母舰"德胜"号与"威胜"号。（请参阅"西征舰队"/第164页）

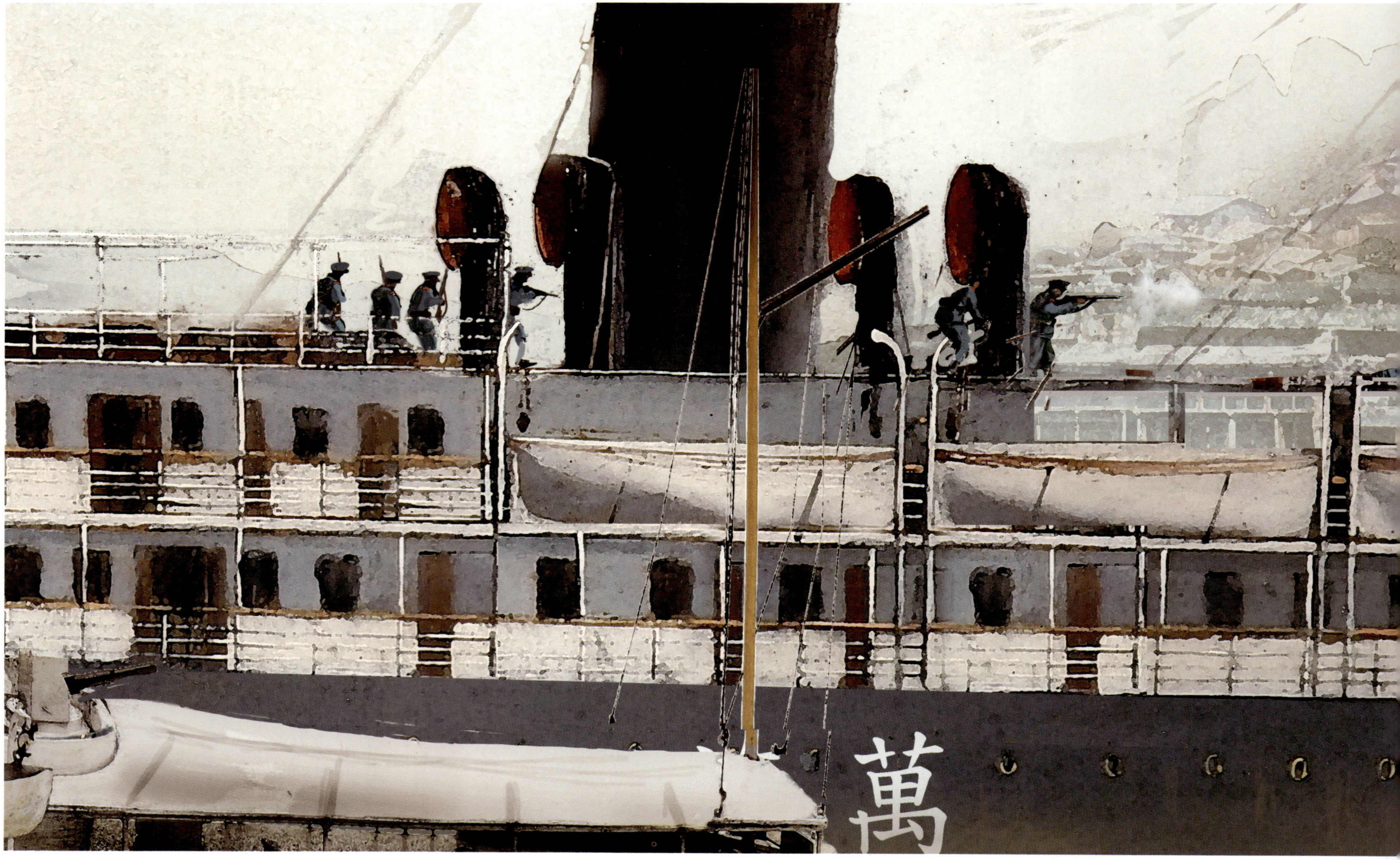
萬

1926年在四川万县发生太古公司的轮船"万通"号(SS Wantung)、"万县"号(SS Wanhsien)被四川军阀杨森扣留事件。为了夺回两艘轮船，9月5日13时，英国海军人员驾驶由原怡和洋行轮船"嘉和"号(SS Kiawo)改装的武装商船驶抵万县，与英舰"威警"号(HMS Widgeon)、"柯克捷夫"号(HMS Cockchafer)号会合并向被扣的"万县"号夹靠。17时，"嘉和"号上20余名英国水兵开枪击毙"万县"号上的守船士兵2人并跳帮砍缆，守船的杨森部队还击，迫使英军退回。18时，英军登上"万通"号，又遭川军猛烈还击，英军指挥官达尔利中校当场被击毙。19时，"嘉和"号无功而返。此役，英军死伤21人，川军死亡20余人。（请参阅"万县事件"/ 第165页）

1926年9月5日，由原英商怡和洋行轮船改装为武装商船的"嘉和"号率同英国皇家海军"威警"号、"柯克捷夫"号炮舰开近万县江边，开炮轰击市区近3个小时，发射炮弹和燃烧弹总共300余发，万县中国军民死伤数以千计，包括平民死亡604人，伤398人，民房商店被毁千余家，中方称之为"万县惨案"。（请参阅"万县事件"/第165页）

1927年3月24日，北伐军进入南京，战乱中西方人的使领馆、产业、学校、教堂都遭到掳掠。应被围困的美国领事要求，停泊在长江上的英、美军舰自当天下午15时起开始炮轰南京城，持续约1小时，抢劫风潮才逐渐被压制。史称"南京事件"。（请参阅"南京事件"／第166页）

受到北伐军一路胜利的影响，全国各地到处掀起反对西方帝国主义的民众运动，大量西方人的产业、教堂遭到焚烧抢劫，有如 1900 年义和团事件的翻版。列强连忙调动大批军队来华，在中国的浅水炮舰队更是成为急先锋，深入各内河城市。好莱坞电影《圣保罗炮艇》(*The Sand Pebbles*)就是以此为背景。不过这部大部分场景都在台湾拍摄的好莱坞大片，后来竟然在台湾被禁演。(请参阅"电影《圣保罗炮艇》"/ 第 167 页)

1919年7月，北洋政府派遣"江亨"舰、"利绥"舰、"利捷"舰三艘浅水炮舰加上拖船"利通"号，由"靖安"号运输舰担任旗舰，自上海经东海、黄海、日本海及鞑靼海峡进入黑龙江，到达庙街过冬，第二年才经由伯力进入松花江，抵达哈尔滨。以这支小舰队为基础，1920年6月成立了吉黑江防司令公署，由王崇文担任中将司令，这就是东北海军的滥觞。（请参阅"东北海军的源起与组成"/第170页）

1922年5月，张作霖在第一次直奉战役中全军溃败逃回东北，海军第一舰队在萨镇冰率领下，用"海筹"舰和"海容"舰两艘巡洋舰在秦皇岛海岸沿路炮击，险些击中张作霖的专列，让原来对海军没有什么概念的张作霖大受刺激，从此下定决定要搞一支自己的海军。（请参阅"东北海军的源起与组成"/第171页）

沈鸿烈以收买方式把张宗昌的渤海舰队纳入旗下，但"渤海舰队派"与东北海军原来的"葫芦岛派"不合。1927年8月初，因人事变更问题出现两派在青岛港内外对峙的紧张局面，如果真的发生海战，当年中国主力舰艇的一半都将被击沉。后由沈鸿烈请张宗昌出面安抚，暗中派部队强力接管才得以平息，不过东北海军内部的派系斗争与叛变问题一直是困扰沈鸿烈的梦魇。（请参阅"东北海军的源起与组成"/第171页）

1927年3月，东北舰队司令沈鸿烈率"海圻"舰、"镇海"舰两艘军舰进入上海黄浦江攻击闽系海军，以阻止其倒向北伐军阵营。化装为"大昌"号商船的"镇海"舰派出舰载水上飞机扫射了江南造船厂。（请参阅"镇海"/第176页）

1932年6月，东北海军的"镇海"号水上飞机母舰载着青岛海校的学生前往台湾的淡水与基隆访问。由于沈鸿烈与日本关系良好，所以才得以安排这样的航程。（请参阅"镇海"/第176页）

东北海军的"威海"舰原来是日本商船"嘉代丸"号,被政记航运收购后改名"广利"号,之后被东北海军收购作为运输舰及练习舰使用。图为"威海"舰在青岛。(请参阅"威海、定海"/第178页)

东北海军的"定海"舰原来是大沽船坞购自苏联的旧破冰船"查·史查多·尼可"号(Tsar Shichedo Nicou),后被东北军接收。这艘破冰船马力大,船壳厚实,不失为改装军舰的理想选择。(请参阅"威海、定海"/第178页)

停泊于松花江畔的"江通"号炮舰是由一艘征用戍通航运公司的内河明轮汽船改装而成的,当年共有三艘这样的汽船被征用,这就是"江通"号、"江平"号和"江安"号。松花江流域的船舰在冬季封冻期间是完全不能航行的。(请参阅"江平、江安、江通、江清、江泰"/第179页)

沈鸿烈虽然在三江口之役出奇兵造成苏联黑龙江舰队的重大损失，但毕竟总体实力相差太远，当苏联舰队从被偷袭的混乱中回过神时，就是东北舰队被歼灭的时候了。"利捷"号锅炉中弹当场沉没，"利绥"号重伤驶入富锦躲避，到了10月下旬苏军飞机来袭，剩余各舰包括"利绥"舰都被击沉。（请参阅"东北海军的战役与事件"／第185页）

|| 五色共和—民国初年舰船图集 1912—1931 ||

中国与苏联的舰艇不但曾爆发过海战，装备弱势的中方还以出其不意的手段重创了苏军。

1929年，中苏因东清铁路之争在黑龙江、松花江与同江的交会处爆发战斗，即所谓的"三江口之役"。东北海军的领头人物沈鸿烈以暗藏在河边芦苇丛中的"东乙"号驳船上装设的两门119毫米炮出奇不意开火，第一炮就击中苏联黑龙江舰队旗舰"雪尔诺夫"号（RUS Sverdlov）的舰桥，当场造成苏军司令勃斯脱屈阔夫（Admiral Pstozhekov）及参谋、舰长等共70余人伤亡，另有四艘苏舰被命中起火，苏联舰队连忙撤退。

有趣的是"雪尔诺夫"号的同级舰有一艘叫"孙逸仙"号的也参加了这次战斗。（请参阅"东北海军的战役与事件"/第185页）

1933年崂山事件之后，由于东北海军中葫芦岛系军官认为沈鸿烈未对有功的军官论功行赏而心怀不满，"永翔"舰上尉副舰长冯志冲竟在陪同沈鸿烈赴"海圻"舰巡视时拔枪欲刺杀沈鸿烈，刺杀未遂，冯志冲后来被枪毙。葫芦岛系首领姜西园害怕沈鸿烈报复，挟持"海圻"舰、"海琛"舰和"肇和"舰三艘主力舰出走，南下投奔广东的陈济棠。（请参阅"东北海军的战役与事件"/第186页）

广东海军的"海周"舰在广州省港码头前。她的外型与原来英国阿瑞比斯级（Arabis）炮舰已经不同，增加了艉楼并且延伸了两舷长廊的开口。虽然只装备了1门119毫米炮和4门2磅炮，但在以小炮艇为主的广东海军中已经算得上是主力大舰了。（请参阅"海周"/第192页）

| 五色共和—民国初年舰船图集 1912—1931 |

广东海军的"海虎"舰，其前身可能是英国海军炮舰"伯莱蒙伯"号（HMS Bramble）。（请参阅"海虎"/ 第194页）

广东海军1931年自澳门购入葡萄牙海军退役炮舰"帕特莱"号（Patria），改名为"福游"号。本舰是长艏楼、高干舷的设计，外观非常类似大型装甲舰，但其实只是排水量几百吨的炮舰。（请参阅"福游"/第195页）

| 五色共和—民国初年舰船图集 1912—1931 |

广东海军的"海鹚"舰于 1936 年 8 月 16 日在香港因遭遇台风而搁浅。(请参阅"海鹚"/ 第 196 页)

广东海军的"仲凯"号炮舰在广东省西江巡弋。广东海军的浅水炮舰主桅上都有一个硕大的战斗桅盘,以便在战斗中居高临下,除了观测目的,还在上面配备一挺重机枪,可以进行火力压制。至于重心高的问题,在内河舰艇上基本不被重视。(请参阅"仲元、仲凯"/第199页)

广东海军的"坚如"号炮舰,她还有一艘姊妹舰"执信"号。本级舰亦被称为"铁甲炮舰",整艘船就像是用钢板围绕的方盒子,舱内可搭载大量陆军,躲在装甲板后用步枪或机枪射击,有点水上装甲运兵车的意思。(请参阅"坚如、执信"/第201页)

"一号雷舰"是广东海军向英国索尼克罗芬特（Thornycroft）公司采购的两艘CMB鱼雷艇之一，这种鱼雷艇采用特殊的槽射方式发射鱼雷：在发射时先松开夹具，让两枚躺在艇后半部滑槽内的457毫米鱼雷自行滑入水中，并启动螺旋桨自航前进。这时鱼雷艇要急速转弯让出航路，否则可能被自己发射的鱼雷撞上。（请参阅"一号雷舰、二号雷舰"／第202页）

广东海军向意大利采购的MSA431型鱼雷艇"三号雷舰""四号雷舰"在演习中。这两艘鱼雷艇比原来广东海军装备的MSA431型无论在排水量、马力,还是在机枪口径方面都加大了不少,可以说是增强版的MSA431型,但仍采用落射鱼雷的方式。(请参阅"三号雷舰、四号雷舰"/第204页)

中国海关的"德星"号缉私舰在浙江外海临检船只。早年税捐体系不健全,关税是相对容易征收得到的税金,为了保证尽早偿还赔款,西方人领导下的中国海关效率还是很高的。(请参阅"海关缉私舰队"/第 210 页)

一艘开办级海关缉私舰进入香港水域。海关舰艇有许多是在香港制造的,而且可以出入自如。清廷让西方人掌握海关的管理权力,从而建立了一支由西方人担任船长,华人担任水手,大批缉私舰艇组成的高效率准海军部队。海关舰艇的舰艉旗是绿底黄色打叉的图案,这是1862年阿思本舰队时代由海关总税务司李泰国设计的,这面旗台湾海关一直沿用到20世纪80年代;舰艏则悬挂类似中国商船旗图案的海关舰船旗(商船旗是青天白日满地红上加黄色波浪纹,海关船旗则是绿色波浪纹)。(请参阅"海关缉私舰队"/第210页)

中国海关的"福星"号小艇母舰能够搭载多艘高速快艇在海上放下,以多艇包围方式缉捕走私船。1937年8月淞沪会战爆发,电雷学校的"史102"号鱼雷艇在上海黄浦江突击日军"出云"号巡洋舰,由于电雷学校装备的英国制CMB鱼雷艇与"福星"号搭载的快艇十分相似,日军以为鱼雷艇来自"福星"号,于是强行登舰接收。"福星"号后作为日本的特务舰,改名"白沙丸"。(请参阅"海关缉私舰队"/第210页)

昔日中国海关的业务职掌范围远超过其他国家，譬如海务管理、海图测绘、灯塔与航标的建立与维护。所以海关缉私舰队中有许多"灯塔补给船"。由海关管理灯塔的传统在台湾一直延续到21世纪之后才改变。（请参阅"海关缉私舰队"／第210页）

香港打击海盗的行动在 1927 年达到高峰。由于海盗在本岛有眼线，水警船出动事先就会发出预警，当水警船到达现场时海盗早就作鸟兽散了，所以英国皇家海军出动"竞技神"号（HMS Hermes）号和"百眼巨人"号（HMS Argus）两艘航空母舰来到香港的比亚斯湾（Bias Bay，即今日的大亚湾）打击海盗，采取飞机与海军陆战队三栖同步攻击方式，以达到奇袭的效果。以这种大阵仗来打击海盗恐怕也是空前绝后的了。（请参阅"民国初年的海盗问题"/第 252 页）

| 五色共和—民国初年舰船图集 1912—1931 |

1930年代香港海域海盗猖獗,他们根本不需要海盗船,而是假装乘客混入客轮,出海之后就控制船员、洗劫乘客,最后把船焚毁灭迹。香港的英国海军以暴制暴,有一次,英国潜艇"L4"号竟然用102毫米甲板炮直接击沉了被海盗劫持的招商局轮船"爱仁"号。(请参阅"民国初年的海盗问题"/第253页)

民国初年

# 海军与辛亥革命

1911年10月10日，驻防武昌的新军发生暴动，迅速演变成革命行动，新军进而占领武昌城并推举原协统黎元洪作为领导人。清廷闻讯，派出海陆大军前来进剿，其中海军舰队由萨镇冰统领，舰艇大多由上海与长江沿线各驻地溯流而上来到武汉江面布防。（请参阅第4页彩图）

对于没有海军的革命军来说，清军的舰艇具有压倒性的优势。由于当年陆军的野战火炮口径与射程普遍很小，威力不如舰炮，加上军舰机动来去自如的特性，海军舰艇对地面部队是颇具威慑力的，即使排水量最大的"海圻"舰没有参加，剩下的军舰至少也还有9门150毫米、16门120毫米、28门100毫米炮，相对于起义军的小炮具有压倒性的优势。加上起义军缺少有经验的炮兵指挥官，而海军舰队训练精良，经验丰富，如果战事持续下去，起义军伤亡必然大增，因此一开始萨镇冰还是很有信心的。（请参阅第5页彩图）

但是海军官兵受西方思想影响较深，向往民主宪政，所以更容易受到革命思想的影响。果然，11月2日，驻泊吴淞口的"策电"号炮舰就首先起义；11月10日，驻泊南京的"镜清"舰、"楚观"舰等十余艘军舰驶到镇江宣布易帜；11月12日，"海容"舰、"海筹"舰和"海琛"舰三艘军舰以长江进入枯水期大舰容易搁浅，煤弹日罄为理由掉头向下游驶去，并在九江宣布起义。之后，萨镇冰化装成商人离开舰队，乘英舰前往上海。萨镇冰一离开，武汉江面的海军舰艇就纷纷易帜归附革命，"江利"舰、"楚豫"舰前往上海，"江贞"舰、"湖隼"舰和"湖鄂"舰则前往九江布防。

至于最大的"海圻"号巡洋舰，在参加完英国国王加冕观舰式访美归国途中听说武昌起义爆发，也在统领程璧光的率领下宣布易帜。至此，清朝海军全部瓦解。

辛亥革命爆发，清廷派舰队前来武汉镇压。上图可见汉口外滩前江面上的"楚豫"号和"建安"号军舰。最初舰上官兵只是观望，没有行动。当时军舰发炮时常故意将炮弹打到空地。

南京等地战事激烈,革命军伤亡很大,上海组织了医院船(靠近镜头者,远方是一艘日本巡洋舰)以救护伤员。

武昌兴起的革命势力从长江中游往下游扩张,革命党人决定夺取南京,这让西方列强大为紧张,迅速调集军舰云集下关江面。类似的情况在1927年北伐军进入南京城时再次重演,那次列强军舰就曾大肆炮击,造成重大人员伤亡。

一般中国人都认为革命与暴乱完全是两回事,但对西方人来说,无论是1900年的义和团事件、1911年的辛亥革命,还是1926年的北伐,以及随之而来的反帝运动,都被视为排外运动,因此他们的反应也基本一样,就是派军舰来护侨,并要求中国政府尽快平息暴乱,如果局面失控,就命令军舰开炮轰击。

为防止革命风暴扩大从而影响到租界侨民,西方列强各国纷纷派遣军舰前来巡弋。图为德国皇家海军派驻川江上游的浅水炮舰"祖国"号停泊在武汉江面。

# 萨镇冰与辛亥革命

　　武昌爆发新军起义后，清廷派萨镇冰率领大批海军舰艇溯长江而上抵达武昌江面进行镇压。从萨镇冰刚到武汉回报朝廷的情报中可以看出，当时的他还是很有信心的。

　　但是由于许多海军军官都曾留学英国，对于西方现代民主政治体制非常向往，所以支持革命的人很多。舰队到了武汉，官兵就推举汤芗铭向萨镇冰请求起义，此时武昌革命军方面推举的领导鄂军都督黎元洪也以学生的身份（黎元洪原来曾在北洋舰队服役）派密使送信给萨镇冰。萨镇冰本身是留英的海军老前辈，又曾多次出国接舰，对于西方民主政治有相当认识并且是赞同的，但是萨对于带头叛变打内战心理上还是不大能接受，尤其不能认同孙中山"驱除鞑虏"的主张，这就要提到萨镇冰的背景。（请参阅第6页彩图）

　　萨镇冰家族世居福州，但祖先却是所谓"色目人"，原名萨都剌，在元朝时是驻防福州的将军，因此落户该地。在近代史上，萨氏家族出了许多名人。譬如"中山"舰的舰长萨师俊就是萨镇冰的侄孙辈，此外还有国民党海军少将萨师洪以及他的儿子海军中将萨晓云，著名学者萨本栋、萨本帖、萨孟武，北洋政府时代的中央银行总裁萨福懋。

　　孙中山"驱除鞑虏"的主张其实带有一定的种族主义色彩，虽然孙中山表示一般中国民众不了解什么是民主革命，只能用民间长久流传的"反清复明"思想来宣传比较容易推动，但这个话听在非汉人的萨镇冰耳朵里就特别无法接受。当舰队中的汉人军官向萨镇冰摊牌时，萨镇冰如果不领导起义，那就只能离开舰队指挥的职位放手让他们干，否则免不了武装冲突。两难的萨镇冰只好离开舰队，乘夜搭小火轮驶往上海退隐。在离去时他用船上的灯光信号通知各舰："我去矣，以后军事，尔等各船艇好自为之。"（请参阅第8页彩图）

　　萨镇冰离开后，汉人中资历最深的"海筹"舰管带黄钟瑛代理领队，宣布易帜，投向革命阵营。汉人军官向满人军官发放遣散费让他们离舰，结果"海容"舰的满人帮带（相当于副舰长）吉升竟投江自杀，一说是因积欠赌债，领到的遣散费还不足以偿还，债主不让其离舰而自杀的。民国元年，孙中山的临时政府成立，原来只是中校舰长的黄钟瑛因为在武昌起义中的这段经历竟一跃成为海军上将总司令。

　　朝廷原来寄予厚望的海军倒戈之后，袁世凯就利用这一点恐吓皇太后，被吓破胆的清朝皇室终于同意逊位。我们今天以后见之明觉得清朝皇室未免胆怯可笑，但当年袁世凯可是用法国大革命为例，要知道早年的民主革命可不是请客吃饭，大都是以人头落地为结局的。

# 民初海军舰队编制

(1912年民国元年)

## 第一舰队

巡洋舰：海圻、海容、海筹、海琛

驱逐舰：飞鹰、建康、同安、豫章

炮舰：永丰、永翔、联鲸、舞凤

运输舰：福安

## 第二舰队

驱逐舰：建威、建安

浅水炮舰：江元、江亨、江利、江贞
　　　　　楚同、楚泰、楚有、
　　　　　楚豫、楚观、楚谦
　　　　　江鲲、江犀
　　　　　拱辰、建中、永安

鱼雷艇：宿字、列字、辰字、张字
　　　　湖鹏、湖鹗、湖鹰、湖隼

## 练习舰队

巡洋舰：肇和、应瑞

※ 不含南洋及广东水师。

(1927年北伐后)

## 第一舰队

巡洋舰：海容、海筹

炮舰：永健、永绩、联鲸

炮艇：海鸿、海鳧、
　　　海鹄、海鸥

运舰：普安、华安、定安

## 第二舰队

浅水炮舰：江元、江亨、楚同、楚泰、
　　　　　楚有、楚观、楚谦、江鲲、
　　　　　江犀、拱辰、建中、永安

炮艇：甘泉、利通、福鼎

## 练习舰队

练习舰：应瑞、通济、靖安

※ 不含东北海军及广东海军。

## 鱼雷游击队

驱逐舰：建康、豫章

鱼雷艇：宿字、列字、辰字、张字
　　　　湖鹏、湖鹗、湖鹰、湖隼

## 巡防队

巡防艇：长风

## 测量队

测量舰艇：甘露、景星、庆云

# 民初海军扩张计划案

民国建立,大家对未来充满希望,海军也提出了宏大的发展计划。以下列表就是当年的计划内容,预定执行时间自民国二年(1913)至民国十年(1921)。可以发现这个计划完全脱离现实,以当时国家的财政,连现有舰艇的维修保养都捉襟见肘,清末向各国订造的军舰许多都因付不出尾款而被变卖,因此这份计划根本不可能实现。不过全世界的军方都一样,为了争夺资源先狮子大开口,然后再与政府讨价还价。

| 舰种 | 排水量(吨) | 数量(艘) | 武备 | 最大速度(节) | 主机 | 预算(元) |
| --- | --- | --- | --- | --- | --- | --- |
| 战列巡洋舰 | 2.8万 | 8 | 10门356毫米主炮,15门152毫米炮,5具533毫米鱼类管 | 29 | Parsonae Turbine | 2307.2万 |
| 侦察舰(巡洋舰) | 3500 | 8 | 10门120毫米主炮,2具533毫米鱼类管 | 28 | Parsonae Turbine | 2884万 |
| 鱼雷舰(驱逐舰) | 750 | 40 | 12门120毫米主炮,4门12磅炮,2具533毫米鱼类管 | 35 | Parsonae Turbine | 1984.8万 |
| 远洋潜水艇 | 740 | 12 | 8具457毫米鱼类管 | 水上20,水中14 | Piekimotozo | 1984万 |
| 甲种潜水艇 | 355 | 24 | 6具457毫米鱼类管 | 水上15,水中10 | Piekimotozo | 1468.848万 |
| 乙种潜水艇 | 172 | 4 | 4具457毫米鱼类管 | 水上10,水中8 | Piekimotozo | 118.6122万 |

# 永健、永绩

"永健"舰与"永绩"舰仿照日本建造的"永丰"舰、"永翔"舰的式样，由上海江南制造局建造，这是清末所下的订单。两舰于1911年开工，因辛亥革命而造成进度延误。"永健"舰于1917年，"永绩"舰则于1918年方才完工。"永健"舰造价50.6万两白银，"永绩"舰则为49.2万两白银。（请参阅第9页彩图）

永健级舰身长62.48米，宽9米，吃水3.8米（"永绩"舰的吃水为3.5米）。"永健"舰为钢质船壳，"永绩"舰则为铁质船壳，排水量都是860吨，2座燃煤锅炉，2部往复式蒸汽主机，产生1350马力，最大航速13节。

乘员军官19人，士兵121人。舰艏装备1门102毫米炮，舰艉1门76毫米炮，两舷共装4座47毫米炮，都是阿姆斯特朗公司生产的火炮，另有2门37毫米炮及1门40毫米炮。机枪方面，"永健"舰装备1挺8毫米机枪，"永绩"舰则为2挺7.9毫米机枪。两舰无线电呼号分别为"永健"舰"XNY"，"永绩"舰"XNO"。

江南造船厂建造的本级舰与日本建造的永丰级无论在外观还是尺寸与武备方面都极为近似，但两者最容易区别的地方在于永健级有船艉楼而永丰级没有，所以永健级舰艉的76毫米炮位要比永丰级的高一层甲板，读者比对两级舰的照片可以看得很清楚。

两舰在军阀割据时代都属于直系，后来都归顺南京政府。抗战爆发后，"永健"舰（舰长邓则勋）于1937年8月25日在保卫江南造船厂时被日机炸毁于船厂前江面。日本占领造船厂后将其打捞，就地在原厂修复加装日式火炮，于1938年10月25日改名"飞鸟"号，加入日本舰队作为特设鱼雷母舰使用，1939年2月停泊在江南造船厂时沉没，原因不明，据说很可能是中国工人进行了破坏。本舰于1940年改为联络舰，最终于1945年5月7日被美军轰炸机击沉在黄浦江。

"永绩"舰（舰长曾冠瀛）则在1938年10月21日被日机炸成重伤，搁浅在湖北新堤，后被日军俘获，于江南造船厂修复后在1940年5月22日交给汪精卫伪政府海军，作为旗舰兼海军军官学校的练习舰，改名为"海兴"号。"永绩"舰战后被中国海军收回，1949年4月23日第二舰队起义时，不愿追随起义而被解放军炮火击毁。后又被解放军打捞起来重新使用，改名"延安"号，最后于1970年退役成为靶舰，锅炉被拆卸交给山西省新绛县汾雁酒业公司，至今还在使用。"永绩"舰的二度死而复生在世界海军史上也是很少见的特例。

"永健"号炮舰于1920年底来到海参崴,参加协约国干涉军舰队,当时的舰长为王寿廷。"永健"舰是来接替"海容"号巡洋舰的,她在协约国干涉行动结束后还留下担任护侨任务,直到1921年才回国。

"永绩"舰曾经是汪精卫伪政府海军的"海兴"舰,也就是一艘"汉奸舰"。

"永健"舰于 1937 年 8 月 25 日在保卫江南造船厂时被日机炸沉于船厂前的江面。日本占领造船厂后将其打捞，就地在原厂修复加装日式火炮，于 1938 年 10 月 25 日整修完毕，改名"飞鸟"号，加入日本海军作为特设鱼雷母舰使用。图为"飞鸟"舰停泊于上海"支那方面舰队部"门前，可见主桅上悬挂的大将旗，代表的应该是登舰视察的长官而不是旗舰。

# 建中、永安、拱辰

　　这三艘浅水炮艇由英商汉口扬子造船厂建造，1911年开工，至1915年方完工，每艘造价17万银圆。三艇原名"新敏"号、"新逊"号和"新瞻"号，接收后分别改为"建中"号、"永安"号和"拱辰"号。各艇长33.5米，宽5.6米，吃水只有0.9米，排水量90吨，420马力，最大航速11节，乘员42人，装备1门88毫米曲射炮、4挺7.9毫米机枪。

　　各艇成军后原属北洋军阀，1927年归顺南京政府后编为巡防队，于1928年5月因老旧而被废弃。国外有资料称"拱辰"号炮艇抗战前曾在广东重新服役，并在1937年9月的战斗中与其他广东海军舰艇一起被日本飞机击沉，不过未能有进一步的资料证实，可能是"公胜"号测量舰之误。

"建中"号浅水炮艇。本级艇共3艘，由英商汉口扬子造船厂建造。

# 海鸿、海鹄、海燕、海鹤、海鸥、海凫

"海鸿"号与"海鹄"号是由江南造船厂建造的炮艇,于1917年完工,每艘造价3.76万两白银。本级艇艇身长32米,宽5.18米,舱深2.74米,吃水2.43米,排水量150吨。1座燃煤水管锅炉,1座双缸二段膨胀蒸汽主机,250马力,最大航速7节。乘员22人,装备2门37毫米炮,2挺7.9毫米机枪。

"海燕"号由大沽造船所建造,1917年完工。艇身长19.8米,宽3.65米,舱深1.49米,吃水0.79米,排水量56吨。1座燃煤水管锅炉,1座双缸二段膨胀蒸汽主机,120马力,最大航速10节。乘员军官5人,士兵20人,装备1门37毫米炮、4挺7.9毫米机枪。本艇由于太小,无法执行作战任务,后来成为张学良的游艇,在后舱放置了一张豪华的大铜床。1937年12月,本艇在青岛港被日军掳获。(请参阅第10页彩图)

"海鹤"号亦由大沽造船所建造,1917年完工,隶属东北第三舰队。由于"海燕"号太小不堪大任,所以大沽造船所在建造"海鹤"号时并未延续"海燕"号的设计,而是加大体积,使之成为"海燕放大版"。"海鹤"号艇身长32.9米,宽5.48米,舱深2.77米,吃水1.98米,排水量227吨,250马力,最大航速9节,装备1门37毫米炮、4挺7.9毫米机枪。1937年12月,本艇自沉于青岛航道。

"海鸥"号与"海凫"号为福州船政局建造。"海鸥"号于1917年、"海凫"号于1918完工,每艘造价8.55万两白银。本级艇艇身长32.9米,宽5.18米,舱深2.92米,吃水2.1米,排水量190吨。1座燃煤锅炉,1座往复式蒸汽主机,250马力,最大航速11节。乘员22人,装备2门37毫米炮、2挺7.9毫米机枪。二艇于1933年4月交付实业部作为护渔炮艇使用,1937年自沉于浙江海岸大射山,以阻止日军登陆。

这六艘炮艇是中国海军在西方武器禁运前最后建造的舰艇,由海军部提出基本需求,三个造船厂各自设计制造的。尽管质量不佳,但之后连这样的舰艇都建造不出来,只能用民船来改装充数了。

上海江南造船厂建造的"海鹄"号炮艇。

上海江南造船厂建造的"海鸿"号炮艇。

大沽造船所建造的"海燕"号炮艇。

日军 1937 年底占领青岛时俘虏了"海燕"号炮艇，可见舱壁上镶嵌的铜字舰名。

1934年实业部护渔办事处所属巡逻艇校阅的照片，前面两艘就是海军交付的"海鹄"号与"海鹤"号炮艇。

福州船政局建造的"海鸥"号炮艇。

福州船政局建造的"海凫"号炮艇。

# 第一次世界大战

# 从青岛出发

1897年底发生传教士被杀的"巨野教案",1898年3月6日德意志帝国以此为由逼迫清政府签订《胶澳租借条约》,将山东胶州湾划为德国租借地,租期99年。德国人以青岛为行政中心及军港,成为其在远东的重要军事基地。虽然德国占领青岛仅16年,却锐意建设,留下许多公共设施,直到今天都还在使用,美丽的欧洲风格建筑群也使得青岛成为中国最热门的旅游城市之一。第一次世界大战德国战败,中国以战胜国身份本来要收回青岛,但在巴黎召开的凡尔赛和会却让日本取代德国继续占领青岛,消息传回,国内学生群情激愤,爆发了著名的"五四运动",这可以说是中国现代化的启蒙运动。

德国人刻意把青岛建设成其在远东最大的海军基地,码头、船坞、炮台、兵营、学校、仓库、铁路一应俱全,并且由海军军官出任总督。德国人离开后,青岛曾是东北舰队的母港,青岛海军学校也是中国海军中最大的一支派系。抗战爆发后,青岛成为日本海军在华北的重要基地。抗战胜利后,美国海军陆战队进驻青岛,使之成为美国舰队的基地与中国中央海军训练团的所在地。由于海军基地的特性,青岛在周围地区被解放军占领很长一段时间内都还在国民党军控制下,守军直到最后才从海上撤出。1949年之后,青岛还成为人民海军北海舰队司令部所在地。

德国的海外殖民地不多,不像英国可以支持其强大的舰队巡弋全球,把殖民地像珍珠一样串联起来构成防御的战线与海上运输的生命线。青岛孤悬海外,从欧洲前往中国途经的苏伊士运河以及各大主要港口都被英国人控制,列强包括英国、俄国、日本在第一次世界大战时全都站在协约国一边,他们在中国的海军实力也都比德国强大,所以一旦战争爆发,青岛势不可守,也不可能得到德国本土的任何援助。

此外,1895年北洋舰队被困在威海卫湾内最后全军投降,与1905年俄国太平洋舰队被封锁在旅顺港内最后全军覆灭,对1914年时在青岛的德国海军来说都是并不遥远而且非常深刻的教训,所以在战争爆发之前,所有在青岛能出海的德国军舰全部奉命出港,在茫茫大洋上担任袭击舰并伺机返回德国,就是为了避免被封锁在港最后招致全军覆灭的命运。

这些军舰在离开青岛后又有了许多非常戏剧化的战况和故事,而创造这些全球知名故事的德国皇家海军官兵在1914年之前都是长期居住在青岛的。(请参阅第11页彩图)

德国殖民地时代青岛的空中航拍全景。

青岛浮动船坞前面分别是"卢查斯"号炮舰、"塔库"号鱼雷艇和"S90"号鱼雷艇。这座当年远东最大的浮动船坞后来被日本人拖走。

# 青岛与斯佩分舰队

1914年8月第一次世界大战爆发，当时的德国不像英国那样殖民地遍及全球，对于孤悬海外的殖民地青岛鞭长莫及，早就知道是不可能守得住的，为避免被封锁，司令马克西米利·冯·斯佩(Maximilian von Spee)伯爵在开战之前就奉命将驻青岛的远东分舰队所有能出海的舰艇全部出港到大洋上担任袭击舰，并伺机返回德国，我们习惯将之称为"斯佩分舰队"。

斯佩分舰队共有六艘主要战舰，包括两艘装甲巡洋舰、四艘轻巡洋舰："谢霍斯特"号(SMS Scharnhorst)与"格雷兹瑙"号(SMS Gneisenau)装甲巡洋舰，"德勒斯登"号(SMS Dresden)、"埃姆登"号(SMS Emden)、"莱比锡"号(SMS Leipzig)、"纽伦堡"号(SMS Nürnberg)轻巡洋舰。还有一艘"雕"号(SMS Geier)从东非赶来，准备加入东亚舰队，但途中战争爆发，斯佩分舰队离开青岛，"雕"号追赶不及，只好单独进行破交任务。

"埃姆登"号在途中单独离队成为袭击舰，并获得相当大的成功，但最终被澳大利亚海军截杀，在1915年3月13日的交战中重伤后自沉。至于斯佩分舰队其余成员，则于1914年10月21日在南美洲智利外海与英国皇家海军发生柯罗内尔海战(The Battle of Coronel)，在12月8日福克兰群岛的战斗中，"谢霍斯特"号与"格雷兹瑙"号双双被击沉，司令斯佩伯爵与他的两个儿子都在此役阵亡。(请参阅第13、14页彩图)

斯佩分舰队被消灭后，英国在海外从此无后顾之忧，集中舰队回到英国防守，终于将德国公海舰队困死，并挺过日德兰海战，赢得第一次世界大战的最终胜利。福克兰海战虽然与中国无关，但斯佩分舰队的前身是驻青岛的太平洋分舰队，她们是从青岛出发的，舰员大部分都在青岛生活多年。

斯佩中将和他的两个儿子奥托·冯·斯佩和海尼尔·冯·斯佩都在福克兰海战中阵亡。

德国皇家海军中将马克西米利·冯·斯佩伯爵。

斯佩中将的旗舰——"谢霍斯特"号装甲巡洋舰。

# 斯佩分舰队大事记：

## 1914年

8月11日：斯佩分舰队离开青岛抵达帕甘岛(Pagan Island)，此时分舰队包括装甲巡洋舰"谢霍斯特"号、"格雷兹瑙"号和轻巡洋舰"纽伦堡"号。

8月12日：轻巡洋舰"埃姆登"号抵达波佩那岛，与斯佩会合，当天举行的舰长会上，"埃姆登"号舰长穆勒少校要求单舰前往印度洋进行贸易袭击。

8月13日："埃姆登"号和斯佩分舰队分别离开帕甘岛。

8月19日：斯佩分舰队抵达圣诞岛。

9月："埃姆登"号抵达印度洋。

9月18日："德勒斯登"号进入太平洋。

9月22日："埃姆登"号炮击马德拉斯(Madras)。

9月26日：斯佩分舰队离开圣诞岛赴复活节岛。

10月9日："埃姆登"号抵达英属迪哥加西亚(Diego Garcia)，在该地加煤补给，进行维护，而当地对英德开战尚一无所知。

10月10日："德勒斯登"号抵达复活节岛。

10月12日：斯佩分舰队抵达复活节岛。

10月14日："莱比锡"号抵达复活节岛。

10月18日：斯佩分舰队离开复活节岛。

10月18日："雕"号进入夏威夷檀香山港被美国解除武装。

10月28日:"埃姆登"号突袭槟榔屿(Battle of Penang),击沉俄国轻巡洋舰"珍珠"号(RU Zhemchug)和法国驱逐舰"莫斯奎特"号(Mousquet)。

11月1日:科罗内尔海战。

11月2日:斯佩分舰队前往智利瓦莱帕尔索(Valeparaiso)加煤补给。

11月7日:"埃姆登"号抵达苏门答腊海域。

11月9日:"埃姆登"号突袭科科斯群岛(Cocos Islands),遭到澳大利亚轻巡洋舰"悉尼"号(HMAS Sydney)攻击,"埃姆登"号搁浅弃舰。

12月1日:斯佩分舰队进入大西洋。

12月6日:斯佩分舰队舰长会,决定攻打斯坦利港(Stanley Port)。

12月8日:福克兰海战,斯佩分舰队的战舰大多战沉,仅"德勒斯登"号逃脱。

## 1915年

3月13日:"德勒斯登"号在智利领海被英国巡洋舰"格拉斯哥"号(HMS Glasgow)和"肯特"号(HMS Kent)发现,短暂交火后因重创沉没,至此斯佩伯爵分舰队全军覆没。

# "S90"号鱼雷艇击沉"高千穗"号巡洋舰

"SMS S90"号是德国皇家海军1898级鱼雷艇,由德国硕效造船厂(Schichau-Werke, Elbing)建造。1898年安放龙骨,1899年7月26日下水,10月24日成军,成军初始就派来青岛,当时同来的还有"SMS S91"号与"SMS S92"号共三艘鱼雷艇。本级艇标准排水量310吨,满载394吨,长62.7米,宽7米,吃水2.83米,3台蒸汽锅炉,2座三段膨胀蒸汽机,5900马力(4.4千瓦),双轴推进,载煤93吨,最大航速27节,航程830海里(17节)。武装为3门50毫米/55倍径炮、3门450毫米鱼雷发射管,编制舰员57人。

1914年第一次世界大战爆发时本级艇已经十分老旧,但在8月22日的行动中仍对英国皇家海军驱逐舰"肯特"号(HMS Kennet)造成损伤。10月17日晨,日军对青岛港中的德、奥军舰发动炮击,当时"S90"号正停泊于小港内的鱼雷修理厂栈桥边。当晚"S90"号离港出海,往南方航行遇上日军封锁港口的三艘驱逐舰,但日舰对德军舰艇突破封锁线并未察觉。午夜时分"S90"号返航,以便在天明前回到基地,这时在前方约2000米处突然发现一艘日本军舰以5节的慢速航行,艇长伯伦纳上尉下令准备进攻。

这艘日本军舰就是轮值当晚封锁任务的"高千穗"号防护型巡洋舰。当时该舰经过两个月日以继夜的警戒巡逻,没有发现任何重大的变化,舰员已经开始大意麻木,而且在漆黑的深夜海上发现体积小、灰色涂装,又不冒烟的鱼雷艇的确不大容易,这给"S90"号一个难得的小艇打大舰的机会。伯伦纳艇长往南方绕一大圈,来到西北航向追击"高千穗"号,当接近到500米距离时,左满舵进入攻击位置,第一发鱼雷命中"高千穗"号舰艏,后两发击中舰舯,随之烟雾、水汽与暗红色火焰迅速吞噬了"高千穗"号,整艘军舰随即发生了大爆炸,原来鱼雷正巧击中了弹药库。整个过程中"高千穗"号完全没有还击,显然根本没有发现"S90"号的存在。此次海战日军有271人死亡(军官28人,士官54人,水兵179人),其中包括舰长伊东祐保大佐,全舰只有13人幸存(军官1人,士官3人,水兵9人)。(请参阅第15页彩图)

"高千穗"号由英国阿姆斯特朗造船厂建造,于1884年4月10日开工,1885年5月16日下水,1886年3月26日完工。标准排水量3650吨，舰长91.44米，宽14米，吃水6米，装甲甲板厚50~75毫米，轮机部外侧装甲厚76毫米，炮塔顶及舰桥装甲厚37毫米，标准载煤量350吨，最大载煤量800吨，主机功率7000马力，双轴推进，最大航速18.5节，编制325人。本舰装备1880式260毫米克虏伯主炮2门、1880式150毫米克虏伯炮6门、47毫米速射炮2门、25.4毫米四联机关炮10门、11毫米十管格林炮4门、356毫米鱼雷发射管4具。

由于"S90"号已经老旧，燃煤也不足，为免日本人挟怨报复或将鱼雷艇俘虏当作战利品，伯伦纳艇长决定将鱼雷艇开往中立国海岸并自沉。清晨，"S90"号抵达日照县石臼所港湾西岸，船员离艇上岸，预置的鱼雷弹头及炸药箱被引爆，"S90"号的前半部完全消失，62名船员被日照县政府收容。由于害怕日本前来寻衅，县知事立即将船员转送临沂县并在请示中央后转往南京俘虏收容所。"S90"号的船员在南京受到很好的对待，直到战争结束才遣返回国。

"高千穗"舰曾参加过中日甲午海战，与"浪速"舰同属防护巡洋舰，与"S90"号鱼雷艇完全不是一个等级，所以对于这次阴沟里翻船，日本人非常恼怒，不顾中国当时还是中立国的身份，派出"千日"舰前来日照登陆，强行将"S90"号的遗物全部掳走，只剩下空船壳。让人感叹的是，同样是德国制造的大型鱼雷艇，同样是发射三枚鱼雷，在1894年中日黄海海战时，北洋舰队蔡廷干率领的"福龙"号攻击"西京丸"竟无一发命中，"S90"号却能取得击沉"高千穗"号防护型巡洋舰的战果，是技术问题？还是命运不济？

德国海军驻青岛的"S90"号鱼雷艇，还是最初的黄色烟囱涂装。

德国驻防在青岛的两艘鱼雷艇，靠外档的是"S90"号，靠内档的是"塔库"号（SMS Taku）。"S90"号以击沉日本巡洋舰"高千穗"号闻名，而"塔库"号原是八国联军之役时从天津机器局夺取的大清海军"海青"号驱逐舰。

德国海军"S90"号鱼雷艇官兵与鱼雷。

"S90"号鱼雷艇超级迷你的舰桥。

被德国海军"S90"号鱼雷艇击沉的"高千穗"号巡洋舰,导致271人死亡(其中军官28人,士官54人,水兵179人,包括舰长伊东祐保大佐),只有13人幸存(军官1人,士官3人,水兵9人)。

# 飞出青岛

在第一次世界大战期间，有许多由德军少数个人所创造的传奇，其中冈瑟·佩鲁斯肖（Gunther Plüschow，1886年2月8日—1931年1月28日，"丕律绍"是出现在当时中国官方文件上的正式译名）的"飞出青岛"无疑是最戏剧化的。（请参阅第16页彩图）

冈瑟·佩鲁斯肖是德国海军飞行员，出生于巴伐利亚的慕尼黑，第一次世界大战爆发时他正以海军少尉身份在青岛服役。当时有两架"陶伯"式（Etrich Taube）飞机从德国以拆卸装箱的方式经海运来到青岛，在组装后由佩鲁斯肖担任其中一架的驾驶员和观察员，另一架飞机的飞行员由弗里德里希·穆勒史考斯基（Friedrich Müllerskowski）少尉担任，但他不久就不幸坠机身亡了，只剩下佩鲁斯肖一人继续飞行。

1914年8月15日，日本以参战国的身份向德国青岛殖民地政府发出最后通牒，要求胶州湾内的德国势力撤离，八天后日本对德宣战并和英国军队联手围攻，在这期间佩鲁斯肖多次驾机侦查，并击落一架日本飞机。到1914年11月，德军在胶州湾大势已去，11月6日，佩鲁斯肖奉总督命携带机密文件冒着炮火飞出青岛，在飞行了约250公里后油尽，坠入江苏海州的一片稻田中。他卸下方向盘，放火烧掉飞机，步行离开，寻找回到德国的机会。（请参阅第17页彩图）

佩鲁斯肖设法找中国人搞到通行证，搭乘木船沿河而下抵达南京，在那儿他很欣慰地发现中国官员公开支持德国，但受到英国的压力，他仍有被当成战俘逮捕关进集中营的危险，于是他立刻跳上人力车赶往火车站，并买通一名警卫让他搭火车抵达上海。

在上海，佩鲁斯肖遇到了一名在柏林时就认识的外交官的女儿。她为他提供了一本名为麦克格文（E.F.McGarvin）的假护照，以及盘缠与经长崎、檀香山到旧金山的"蒙古利亚"号（SS Mongolia）的船票。12月5日，佩鲁斯肖抵达旧金山，并自称为瑞士人厄尼斯特·史密斯（Ernst Smith）。1915年1月，他搭火车穿越美国大陆抵达纽约市。佩鲁斯肖并不想去德国领事馆报到，因为他现在拿的是瑞士护照。更糟糕的是，他现在竟成了名人，在纽约的报纸上都能读到他已经到达纽约的报道。

他再度交了好运。他在纽约竟遇见了他以前在柏林的朋友，并帮他搞到旅行证件以及1915年1月30日开往意大利的船票。在船上有人问起他的身份，他便自称曾是英国海军军官，但在细节处露出破绽，这本来也无伤大雅，谁知人算不如天算，恶劣的天气迫使这艘船临时停靠直布罗陀，而直布罗陀是英国殖民地，英国人怀疑他的身份，将他逮捕，很快发现他就是那位以"飞离青岛"名噪一时的德国飞行员。

1915年7月1日，佩鲁斯肖与其他德国战俘一起被送往位于英国莱斯特郡多宁顿厅（Donington Hall）的战俘营，这是一所建于17世纪的庄园。不过这时他已经是脱逃高手，战俘营的围墙哪能限制得了他，不过三天，他就在暴雨中与另一名德国战俘奥斯卡·切菲茨（Oskar Trefftz）逃脱步行24公里，在德比（Derby）搭乘火车前往伦敦。伦敦警察厅发出通告，要求公众协助抓捕两名逃犯，尤其是一个"身上有龙纹刺青"的男人。由于两人的姓名特征都被公布，为了安全，他俩只好分道扬镳，切菲茨不久即被捕获。

在伦敦，佩鲁斯肖用鞋油和凡士林把金色的头发染成黑色，还用煤尘烟灰粘在衣服上，让他看起来像码头工人。他曾在伦敦码头的纪念摄影摊拍照留念，显然他认为这儿十分安全。他阅读关于巴塔哥尼亚的书打发时间，这对他的后半生产生了重大影响。晚上他就躲在大英博物馆里面睡觉。

当时处于战时的伦敦基于安全理由，政府禁止公布任何船舶离港的时间班次，但他幸运地邂逅一位女伴，让他获得开往中立国荷兰的渡轮"朱莉安娜公主"号（SS Princess Juliana）的开航资料。他搭火车到埃塞克斯港（Essex port），经过四次失败，最终游泳登上渡轮，藏身在救生艇中，安全跨越海峡抵达荷兰的法拉盛（Flushing）并转道回到德国。到了德国，他竟然被当成间谍逮捕，因为没有人相信他能完成这样的壮举！

他那令人不可思议的故事最终还是得到官方认可，佩鲁斯肖被誉为"从青岛来的英雄"。他被授予一级铁十字勋章并被提升为上尉，分配在被占领的拉脱维亚的库尔兰海军基地担任指挥官，1916年6月，他就在基地的飞机机库里举行了婚礼。他还写了他的第一本书《一个来自青岛的飞行员历险记》，销量超过70万本。1918年，他的儿子冈多夫·佩鲁斯肖（Guntolf Plüschow）诞生。

1918年德国战败，11月，德皇威廉二世被迫流亡荷兰。1919年，由英、法主导的《凡尔赛和约》将许多苛刻的条款强加在德国身上，当时有许多军方与民间人士组成叛乱团体，已经是少校军衔的佩鲁斯肖拒绝参加。但在33岁，他却不情愿地从巍玛共和国的海军被辞退。

离开海军后,佩鲁斯肖从事过不同的工作。他被帆船"帕尔马"号(Parma)雇用前往南美,经过合恩角、瓦尔迪维亚、智利,随后从陆路穿越智利到巴塔哥尼亚。他在返回德国后,出版了《海角仙境》一书,这本书的畅销让他获得足够的经费去做进一步的探索。

1927年11月27日,佩鲁斯肖驾着木制双桅帆船"火地"号(Feuerland)抵达智利的阿雷纳斯。他的工程师恩斯特·德芮布洛(Ernst Dreblow)用轮船为他载来了一架亨克尔HD24D-1313型飞机。1928年12月,飞机组装完成,并被命名为"青岛号"。"青岛号"首航从阿雷纳斯到阿根廷乌斯怀亚,带来了第一个航空邮件。

在接下来的几个月里,佩鲁斯肖和德芮布洛驾驶"青岛号",首先由空中探索了南美洲的很多地方。到了1929年,佩鲁斯肖不得不卖掉"火地"号,以筹措资金回国。回到德国后,他出版了《银色神鹰在火地岛》一书,并拍摄了同名纪录片。

次年,佩鲁斯肖回到巴塔哥尼亚探索佩里托莫雷诺冰川(Perito Moreno Glacier)。1931年1月28日,他和德芮布洛驾驶"青岛号"在飞行中失事,两人全部丧生。

(上图)佩鲁斯肖少尉在青岛担任海军飞行员,图为他在陶伯式座机上。

(左图)驾机飞出被日军包围的青岛,还在敌人追捕下绕过大半个地球回到德国的佩鲁斯肖。

佩鲁斯肖少尉与他的陶伯式飞机在青岛。这型飞机造型优美，酷似一只纸鸢。他不但多次驾驶这架飞机从空中侦察日军阵地，还击落了一架日本飞机。佩鲁斯肖很可能是人类航空史上第一个以飞机进行空战并将对方击落的人。

佩鲁斯肖从青岛逃出，所驾驶的飞机迫降在江苏海州，当地的中国人好奇地围观从天而降的巨鸟。

佩鲁斯肖请当地民众协助将飞机的机身焚毁,以避免日本人追踪。

飞机机身被焚毁,发动机等金属零件则送给了当地民众。

佩鲁斯肖身上携带的德国总督签发的中文护照,请注意文中的用语完全是中国古典官文书风格。

（右图）佩鲁斯肖由纽约跨越大西洋来到英国，藏匿于伦敦市内，这是他在伦敦码头的纪念摄影摊拍的照片，完全化装成一副码头工人的样子。

（左图）佩鲁斯肖持E.F. McGarvin的假护照搭乘"蒙古利亚"轮船从上海经长崎跨越太平洋，在美国旧金山以瑞士人Ernst Smith的身份登岸。

(上图)佩鲁斯肖和他的亨克尔HD24D-1313型水上飞机"青岛"号,一旁是他的机械师德芮布洛。"青岛号"1931年1月28日在伯拉兹·瑞克尔附近坠毁,两人一起丧生。

(左图)佩鲁斯肖回国后晋升为上尉。可以发现照相时手插口袋是他的习惯。

# 第一次世界大战与护法舰队

护法舰队的产生与第一次世界大战有着直接的关系。1917年，北洋政府因要不要参战而陷入府院之争，西南各省军阀趁机拥立孙中山为陆海军大元帅，开府广州与北方抗衡，但无一兵一卒的孙中山坚持北伐，与西南各省军阀联省自治的理念不合。当海军总长程璧光率领第一舰队南下护法时，孙中山觉得自己有了武力，便于1918年1月3日亲率"豫章"舰（舰长吴志馨）、"同安"舰（舰长温树德）两艘军舰炮轰广东督军莫荣新（桂系）位于广州观音山的督军府，舰上官兵因为未得到海军总长命令不敢开炮，孙中山大怒，亲自操炮轰击，又强令炮手继续发炮70多发，炮弹飞越市区，引起市民恐慌，媒体称之为"孙中山炮训莫荣新"。（请参阅第19页彩图）

当孙中山炮轰广州督军府时，莫荣新拉拢海军的幻想破灭，但并未反击。海军总长程璧光闻讯速派"海琛"舰赶来，命令"豫章"舰和"同安"舰返航。这件事让程璧光火冒三丈，因为海军的给养还得靠桂系供给，而且本来海军可以担任孙中山与桂系之间的缓冲，孙中山的冒进把海军推向了桂系一边。事后，程璧光将两名擅自行动的舰长撤职，引起国民党人的猜忌，不久程璧光被刺，许多人都怀疑孙中山是幕后主使。1918年5月，孙中山因失败而离开广州。

1920年，孙中山依靠陈炯明的力量驱逐桂系，再度回到广州，就任非常大总统，由于护法舰队中以闽系为主的军官不愿意接受孙中山的节制，于是孙中山在1922年4月26日利用温树德、欧阳格等非闽籍的少壮军官发动兵变，取得了舰队的控制权，整肃了所有的闽系官兵。当孙中山为了北伐问题与陈炯明再度闹翻时，便威胁要派"永丰"舰炮轰督军府，由于孙中山在1918年就曾干过同样的事，所以大家都不敢掉以轻心。不久陈炯明的参谋长邓铿被暗杀，由于前几年程璧光被刺的事件历历在目，终于在1922年6月16日发生粤军炮轰观音山总统府，孙中山化装出逃登上"永丰"舰避难的事件。

这件国民党党史称为"孙总理广州蒙难"的事情因为是蒋介石登上政坛的重要序曲而被大加宣扬，在孙中山去世后"永丰"舰被改名为"中山"舰。事实上粤军叶举炮击观音山总统府是为了驱逐孙中山离穗，事先还曾打电话通知，并且只开了三炮，目的就是逼迫孙中山离开，否则以孙中山天下尽知的容貌，简单化装易容怎么能够遁逃？

很多人以为陈炯明是军阀，事实上陈炯明是文人出身，并且醉心于地方自治选举。陈炯明是孙中山的坚定支持者，出钱出力，只不过在北伐问题上与孙中山产生了矛盾。陈炯明反对孙中山的武力北伐,认为国家已经不起连年的内战,建议先由各省地方自治开始把政治与经济搞好,再仿照美国由邦联而联邦的和平发展来实现统一,这也是当年许多省的共同想法,事实上各省也在省内取得了不错的成绩,不希望孙中山因为个人的愿望来破坏。

1923年陈炯明倒台,孙中山第三次回到广州担任陆海军大元帅,并在苏联的支持资助下成立黄埔军校,由蒋介石担任校长。当年温树德的海军护驾有功,但风头全被蒋介石抢去,1923年12月,温树德率领护法舰队离开广州北上投奔张宗昌,成立"渤海舰队",护法舰队的历史结束。

国会议员南下广州的"护法运动"是孙中山成立广州军政府的法统依据,但这种以议员的"人头"作为政权正当性的说法还是有问题的。无独有偶的是,蒋介石1949年后在台湾也曾以大陆来台的老国大代表与立法委员作为其法统的依据。

据说当年孙中山是获得了德国政府的秘密资金援助的,以吸引那些被主张参战的段祺瑞解散国会而失业的议员南下,而德国之所以愿意花这笔钱,为的是阻止中国对德国宣战,所以孙中山必须表示坚决反对参战的立场。

除了国会议员南下,对于广州军政府来说更重要的是护法舰队。原来无一兵一卒的孙中山因程璧光率领舰队南下支持而掌握了当时中国海军的大部分主力舰艇,成为能够和北京政府叫板的筹码,但孙中山的行事风格终于让海军再度叛离。

# 从护法舰队、渤海舰队到东北海军

1921年春，孙中山鉴于闽系控制的护法舰队不听号令，便派山东系出身的温树德率兵控制了舰队，整肃了舰队中的闽系官兵并将其全部遣散回籍，温树德因此掌握了护法舰队。当时由于孙中山与桂系的矛盾，护法舰队无法获得煤、粮补给以及舰船的维护保养，有舰只甚至出现舰底因缺乏维护而洞穿的危险，加上山东籍官兵长年滞留广东思乡心切，此时有统一天下野心的吴佩孚以同乡之谊拢络温树德并保证护法舰队未来的薪饷供应及维护保养，让温树德开始有了北归的念头。

1923年11月初，温树德率领护法舰队离开广东北上，除了"豫章"舰因机件故障途中被闽系的"应瑞"号巡洋舰掳走，其余各舰都抵达青岛组成渤海舰队，由温树德出任司令并参加了第一次直奉战役。第一次直奉战役时张作霖战败逃回东北，在经过秦皇岛时遭到渤海舰队从海面的炮轰，险些击中张作霖的专列，让张作霖对海军的作用有了直观而深刻的体会。

1924年9月第二次直奉战役吴佩孚失败，张宗昌入主山东，奉张作霖之命接管了渤海舰队，但张宗昌在拥有陆海军力量后就意图在山东自立地盘，张作霖发现张宗昌的意图后，就派张学良与沈鸿烈私下来找温树德，但渤海舰队的实际控制者并非上层军官，而是山东籍的军士长阶层，张学良不明就里，没有找对人，所以策反一时未能成功。

张宗昌发觉张作霖意图染指渤海舰，但又不敢公开反对，于是借口将舰队交由张作霖全权处理后开始停止发饷，结果舰队发生"闹饷风波"，张宗昌趁机派自己的旅长毕庶澄率领白俄卫队登舰弹压，在过程中张的白俄卫队用手提机关枪向"海圻"舰的士兵舱猛烈扫射，造成多人死亡，因此后来"海圻"舰前舱一直有着闹鬼的传闻。事件弭平后，张宗昌以温树德领导无方为由，以毕庶澄取代温树德出任司令，并驱逐所有原来的护法舰队军官，在1925年底将渤海舰队完全纳入自己的控制。

尽管一时未能将渤海舰队搞到手，张作霖却并没有放弃。1926年初，直系、奉系以及西北军冯玉祥之间混战不休，加上郭松龄倒戈，张作霖一时无暇处理，他也觉得不宜在这个节骨眼上和张宗昌反目。到了当年秋天"海圻"舰到旅顺进入日本船坞修理，沈鸿烈这才找到机会，凭借他与日本的良好关系进入船坞，以保证发饷为筹码收买舰上官兵，将"海圻"舰开往东北。

沈鸿烈对于渤海舰队中的山东籍军士长帮派深有戒心，因为他们不仅控制基层水兵，还能威胁军官。譬如"海圻"舰帆缆正军士长田琦曾经趁舰长袁方乔睡觉时潜入舰长室将其鞋子偷走，第二天又放回原处，意思是警告舰长随时可取其性命。沈鸿烈在接收"海圻"舰后决心整顿，将田琦装入麻袋，派"李村"号拖船夜间将其抛入大海。

之后张作霖进驻北京组织安国军政府，等于取代了北洋政府，成为北方的统治者。张作霖委任张宗昌为海军总司令，渤海舰队随即改称第二舰队，这时毕庶澄已经被张宗昌枪决，改由吴志馨担任司令。沈鸿烈则以原东北海防舰队为基础，组建第一舰队，并担任司令，事实上完全独立，不受张宗昌指挥，他无时无刻不想吞并改名第二舰队的渤海舰队。

1928年4月，第二舰队司令吴志馨与北伐军暗通款曲，被张宗昌发觉后枪决，由第一舰队副司令沈鸿烈的留日同学凌霄代理第二舰队司令，但"葫芦岛派"进入舰队，让原来的"渤海舰队派"产生了危机感，双方矛盾愈演愈烈。当年8月，两派人马分别拉出军舰在青岛港口对决，"渤海舰队派"控制的"海琛"舰、"肇和"舰和"永翔"舰在港口外，"葫芦岛派"控制的"海圻"舰、"镇海"舰和"定海"舰在港口内，如果双方真的开战，当时中国海军的精华恐怕一半都要毁于此，而且青岛市也将遭到池鱼之殃。沈鸿烈只好请张宗昌出面，登舰集合全体官兵训话，暗中让青岛海校学生换着张宗昌卫队制服登舰，迅速控制舰上各关键位置，才把叛乱弭平。

事后张宗昌对这支反复无常的舰队倒尽胃口，全部交由沈鸿烈处理，两支舰队就此合流，这才开启了东北海军的黄金时代。

# 出兵海参崴

1917年8月，中国政府宣布加入以英、法为首的协约国，对德国和奥匈帝国宣战。同年11月，原属协约国的俄国爆发十月革命，沙皇下台并宣布俄国退出战争。为防止产生骨牌效应，1918年，英、法、美、日等协约国主要国家决定组织14国联合部队从东西两面出兵俄国，北洋政府也应邀派出海陆军参加协约国对俄国远东地区的军事干涉行动，前往海参崴。

中国宣布参战后，北洋政府国务总理兼参战处督办段祺瑞即以参战的名义向日本采购军火，装备并组建了一支由四个师组成的边防军，此次派兵海参崴的陆军部队便是从边防军魏宗瀚师里挑选的一个团，团长为宋焕章。出兵海参崴的另一个重点是海军，北洋政府挑选外访经验最丰富的"海容"号巡洋舰担负这项任务。在经过上海江南造船厂时紧急入坞进行了彻底检修，同时整补过冬装备，并比原来舰上编制多补充20名水兵之后，1918年4月9日，"海容"舰由舰长林建章上校指挥从上海起航，经朝鲜济州岛于4月17日抵达海参崴，停泊于港湾内。

为便于统一率领陆海军以及考虑与协约国其他国家将领来往的对等性，8月3日，大总统冯国璋发布命令将林建章晋升为代将，统率中国驻海参崴所有海陆军部队及办理一切外交事宜。林建章虽然是临时晋升的代将，手下的参谋长却是陆军派来的少将，可见在国际礼仪以及涉外事务的经验方面，陆军将领是很难比肩海军军官的。

名为干涉行动，事实上"海容"舰在海参崴完全没有战斗任务，也不出海航行，而是长期停泊港内，久而久之，船底吸附藤壶造成水管阻塞，可能影响未来的航行，于是在1919年5月，海军部下令"海筹"舰前来替换，让"海容"舰回国进坞整修。但是"海筹"舰在海参崴仅驻防了几个月就因锅炉渗漏无法正常使用，于是"海容"舰在整修完毕后又赶回海参崴接替"海筹"舰回国。从南方来的军舰要在北方过冬，无论是装备、训练还是后勤保障都有很大的挑战，尤其"海容"舰是老军舰，设备更差，连淡水都无法自行生产，当冬季封冻外界补给断绝时，舰上官兵的生活更是辛苦。

第一次世界大战结束后,各国开始撤军。1920年6月,代将处岸上办公处撤销,移驻"海容"舰,10月,撤销代将处,"海容"舰暂时留下保护侨民,并等待"永健"号炮舰前来接替。在经历两年多的海外任务后,"海容"舰终于在1920年11月回到上海。林建章被北洋政府授予勋章并升任海军第一舰队司令,后来更是一路高升,最后担任了海军总长。"永健"号炮舰在海参崴处理数次护侨任务后也于1921年初返国。

"海容"舰停泊于海参崴港内。

中国参与海参崴占领军的陆海军官兵在海参崴大街上列队游行。

"海容"舰派出水兵60人在海参崴大街上列队游行展示力量。这种景象以后成为绝响,所以北洋政府绝不像我们想象得那么颟顸。

除了海军舰艇，中国参加协约国海参崴占领军的还有陆军部队。图为参与游行的中国陆军军乐队与步兵一个连，可见所持的陆军军旗是与国旗相同式样的五色旗，民国初年的十八星陆军旗当时已经废止。

协约国占领海参崴各国海军舰队指挥官。中间最矮的是林建章代将，他原来是"海容"舰的上校舰长，来到海参崴后基于需要被大总统冯国璋下令升为代将，统一指挥所有派赴海参崴的中国海陆军。

各国派出的陆海军宪兵合影。派遣军的宪兵任务最初由一名美国陆军少校率领,各舰每天轮流派 12 名水兵参加。图最右两行是中国陆军派出的宪兵,次右两行是中国海军派出的宪兵,由一位海军上尉率领。

"永健"舰的水兵与美国海军共同在海参崴街头站哨维持秩序。1920年底"永健"舰到达海参崴时已经是干涉占领的末期,从服装上来看应该已经是1921年春,许多国家的军舰都已经陆续撤走。注意中国水兵戴的草帽,上面绑着与海军无檐水手帽一样的黑飘带,飘带上绣有"中华民国永健军舰"的字样。

协约国派驻海参崴占领军的各国代表餐会，现场以各国的海军旗作为装饰，中间那面青天白日满地红的旗子并非国旗而是海军旗，不过当时的白日芒图案与后来习惯看到的颇有不同。早年这类场合都以海军为主，因为涉及外交事务、国际礼仪，陆军军官是应付不来的。

# 中国海军史上第一次获得战利舰

1917年，欧洲战争打了三年，已经接近尾声，远在东方的中国政府要不要参战也到了最后决定的阶段。当时国会和孙中山都加以反对，可是国务总理段祺瑞却一心想要参战，并派军舰监视在华的德、奥舰艇与商船，府院关系因而紧张，造成当时的北京政局十分不稳。接着大总统黎元洪于5月23日免去段祺瑞的职务并召张勋进京调处，张勋却趁机拥立清朝逊帝溥仪复辟，黎元洪逃入法国医院，段祺瑞马厂誓师声讨，张勋失败逃逸。事变后黎元洪不愿再复位，段祺瑞遂拥立副总统冯国璋继任大总统，自任国务总理掌握实权，还召开了新的参议会。

段祺瑞是坚决主张参战的，所以便于1917年8月14日宣布对德、奥两国已经处于战争状态，并在之前就已经接管了德、奥在华的舰船（欧洲战争于1914年7月28日爆发，德国在8月18日就已将许多在华的资产包括舰船名义上过户到他国名下以保护不被接收，中国于1917年3月14日宣布与德国断交，3月20日开始接收德国在华资产，但直到8月14日方才正式对德、奥宣战，接着欧洲战争在1918年就结束了）。

当时的德国与奥匈帝国已经在欧洲战场焦头烂额，对于千里之外的远东根本是无暇也无力顾及，而协约国对于任何能损伤同盟国力量的举动自然也不会反对，中国政府捏这个软柿子的时机恰到好处，但像德属青岛殖民地这种肥肉无论如何是轮不到中国的，而是由英国在幕后指使日本来占领，中国只能接管德国在其他地区如长江内河中行驶的舰船。

这一次战利品共接收到30艘（含小轮船、驳船等），其中属于军舰的只有后来命名为"利捷"号和"利绥"号的两艘内河炮艇（另有一艘炮艇自沉，一艘搁浅），还有一艘拖船改名"利通"号，其余十艘商船由北洋政府成立海军租船监督处经营出租业务，这十艘商船分别命名"华甲"号至"华癸"号，其中有五艘曾改为运输舰，因此改名为"普安"号、"华安"号、"定安"号、"靖安"号和"克安"号。两艘炮艇后来派往东北，有着戏剧化的一生，五艘商船则全部变成运输舰，成为抗战前中国海军运输舰队的主力，其中有一艘一直服役到1949年国民党政府撤往台湾以后。

事实上中国获得的德、奥战利舰还不止这些。根据北洋政府的档案资料，第一次世界大战后，中国曾有机会分配到四艘原来德国海军的潜艇，当时驻英海军武官陈绍宽曾致电北京政府，请求派员赴欧洲接收，但后来不知什么原因这件事并未能实现，否则中国拥有潜艇的时间将提早许多年。

# 利捷、利绥

由于中国在1917年参加第一次世界大战对德、奥宣战，3月20日，在长江上游将德国驻华浅水炮舰"水獭"号（SMS Otter）与"祖国"号（SMS Vaterland）扣留接收成为中国海军的战利舰，"水獭"号改名"利捷"号，"祖国"号改名"利绥"号。

"祖国"号与她的姊妹舰"青岛"号（SMS Tsingtau）由德国硕效造船厂建造，舰身长48.15米，宽8.07米，吃水0.6米，排水量170吨。2座燃煤锅炉，1300马力，最大航速13节。乘员45人，装备2门52毫米炮、3挺机枪。1914年8月欧战爆发时，"祖国"号被解除武装扣留在南京下关，"青岛"号被扣留在广州的黄埔岛。

排水量稍大的"水獭"号由德国特克兰伯格（Tecklenborg）造船厂建造，1904年5月28日完工。舰身长54.16米，宽8.13米，吃水0.82米，排水量266吨，水线处有50毫米装甲。4座燃煤锅炉，1300马力，2部蒸汽主机双轴推进，最大航速14节，乘员45人。艇艏装备1门88毫米30倍径榴弹炮，艇艉1门50毫米40倍径炮、3挺机枪。1914年8月欧洲战争爆发时，本舰与"祖国"号一同被解除武装扣留在南京下关。

当时负责扣留的中国海军当局曾想假冒商船名义蒙混过关，但被英国公使察觉而抗议，北洋政府迫于外交压力，只好要求各舰撤除全部武器与通讯装备，成了没有军事价值的空船。因此，各舰在1914年被扣留后只留下少数船员看管，其余船员都加入各大舰出海，譬如"青岛"号就在舰长带领下辗转前往马来亚加入由青岛出发的"埃姆登"号轻巡洋舰，经历了传奇的劫掠舰旅程。

1917年3月16日，驻防广东的"青岛"号因艇员不愿服从"永翔"舰的接收命令自沉（经查验该艇艇底早被钻洞，机器亦被破坏，显然艇员早有准备）。由于这几艘炮艇留下的艇员太少，武装与通讯设备也都在1914年被扣留时就已拆除，所以当中国海军前来接收时无法做出有效反应，只有"青岛"号早有预谋，才能在接收前破坏自沉。（请参阅第21页彩图）

由于二舰接收时已无武装，所以海军重新配置库存的火炮，其中"利绥"号（也就是"祖国"号）重新装备2门57毫米炮、3挺机枪，"利捷"号（也就是"水獭"号）则在艇艏装备1门76毫米炮、艇艉1门47毫米炮、2挺机枪。（请参阅第20页彩图）

"利捷"号与"利绥"号两艘炮艇接收后先服役于长江的第二舰队，1919年被派赴哈尔滨驻防，从此为东北舰队的成员，为了渡越大海，两艘炮艇曾用木板水泥增高船舷，并由"江亨"号、"利川"号两舰拖带方才抵达目的地。两艇在吉黑江防舰队时代之无线电呼号为"利捷"艇"XQW"，"利绥"艇"XNS"。

1929年中俄三江口之役中"利捷"艇被俄舰击沉。1931年九一八事变后"利绥"艇被日军接收，1932年2月15日转交给新成立的伪满洲国海军，担任江防舰队的旗舰，在历经数次大改装后终因太过老旧而在1942年被废弃。

德国浅水炮舰"祖国"号在第一次世界大战爆发后被中国以中立国身份扣押，在中国参战之后被作为战利舰接收，改名"利绥"号。这是该舰初到中国时的留影，当时舷侧还未装上披水板。后方的军舰是奥匈帝国驻防远东的巡洋舰"卡斯瑞·埃利斯伯茨"号（SMS Kaiserin Elisabeth），该舰于第一次世界大战时在青岛沉没。

德国浅水炮舰"水獭"号停泊在长江上游。本舰是长江中少有的装甲炮舰,也是后来中国向德国订造"江犀"号和"江鲲"号的原型。由于四川丰富的物资顺利外运对贸易与税收至关重要,当时各国浅水炮舰都要经常通过三峡上驶重庆以确保整个川江航线的畅通,德国驻华浅水炮舰数量虽少,也要证明自己有能力深入内陆的四川。

# 华甲、华乙（华安）、华丙（普安）、华丁、靖安、华戊、华己、华庚、华辛、华壬、华癸（克安/九华）、华大、华利

中国在1917年参加第一次世界大战对德、奥宣战，除了军舰之外，还有多艘德、奥商船被接收，这是中国近代史上第一次获得战利舰。

## SS China

奥匈帝国亚斯特朗·利沃德（Austrian Lloyd）公司的商船"中国"号（SS China）接收后改名"华甲"号商船，由英国威尔姆·理查德森（Wigham Richardson）造船厂建造，1900年完工。舰身长127.1米，宽16米，吃水8.68米，标准排水量6020吨，满载排水量8160吨，最大航速12节。本舰随渤海舰队并入东北海军，曾被沈鸿烈改造成能搭载大量水上飞机与登陆艇的原始"两栖攻击舰"型式，战力比东北海军原来的"镇海"号水上飞机母舰更强大，但因该轮在做商船使用时磨损过度且保养不良，机件状况太差不堪大任，1929年转售给政记轮船公司改名"大中华"，之后被日本海军征用为"榆林丸"。（请参阅第25页彩图）

## SS Silesia

奥匈帝国亚斯特朗·利沃德公司的商船"斯利萨"号（SS Silesia）在青岛接收后先改名"华乙"号商船，后被海军征用为运输舰，再改名"华安"号。本舰由英国威尔姆·理查德森造船厂建造，于1899年完工。舰身长126.1米，宽14米，吃水7.3米，排水量5174吨，5000马力，最大航速11节，乘员136人。

1919年底，本轮受雇载运曾在西伯利亚与高查克并肩作战，由海参崴辗转来到上海的捷克兵团返欧，却在意大利港口被原来的奥地利航商以当年被接收为非法诉诸法院扣留，后经外交折冲终于返还，但因这次阴影，这批德、奥战利舰不敢再行驶欧洲航线。本轮于1934年5月停用，12月被法国商船撞毁，进江南造船厂修理。推测该轮修理出场后移交电雷学校成为练习舰，改名"自由中国"号，但目前缺少更直接的证据证实。

## SS Bohemia

奥匈帝国亚斯特朗·利沃德公司商船"伯罕米尔"号(SS Bohemia)接收后先改名"华丙"号商船,后被海军征用为运输舰,再改名"普安"号。本舰于 1896 年完工,舰身长 119.78 米,宽 13.7 米,吃水 7.62 米,排水量 4600 吨,6500 马力,最大航速 15 节,乘员 137 人,装备 1 门 76 毫米炮。本舰于 1932 年停用,并于 1937 年 8 月 14 日自沉于上海黄浦江董家渡航道,后来可能被日本人打捞起来重新使用,于 1941 年左右报废。

奥匈帝国亚斯特朗·利沃德公司的商船"斯利萨"号在青岛接收后先改名"华乙"号商船,后被海军征用为运输舰,再改名"华安"号。

"斯利萨"号正式被接收命名为"华乙"号商船,可见船舷的"HWAH-YIH"(华乙)字样。

奥匈帝国亚斯特朗·利沃德公司商船"伯罕米尔"号接收后先改名"华丙"号商船，后被海军征用为运输舰，再改名"普安"号。

## SS Deike Rickmers

瑞克莫斯(Rickmers)航运公司的"瑞克莫斯"号(SS Deike Rickmers)接收后改名"华丁"号。本轮由瑞克莫斯厂建造，于1908年完工。舰长111.8米，宽14.47米，吃水9米，轻载排水量3082吨，标准排水量3100吨。本舰后来成为日本山下汽船公司的"东光丸"，之后出售给大连汽船公司，改名"东岗丸"，1944年在菲律宾被美军击沉。

## SS Albenga

"埃尔伯格"号(SS Albenga)原名"麦尔福洛"号(Mayflower)，属于英国利物浦(Liverpool)的斯图尔特汽船有限公司(Stewart S.S. Co., Ltd.)，1900年出售给落斯尼尔(R. E. Loesener)公司，改名"埃尔伯格"号，中国接收后改名"华戊"号。本轮注册吨位1221吨，总注册吨位1962吨，舰长82.6米，宽14.69米，吃水6.18米。本轮1923年以后出售给南华轮船公司，改名"华成"号。

## SS Kathe

德国捷成洋行(Jabsen & Co.)商船"卡瑟"号(SS Kathe)接收后改名"华己"号，本轮由英国克雷格泰勒(Craig Taylor)造船厂建造，于1912年完工。舰身长82.6米，宽11.9米，吃水6.3米，注册总排水量1209吨，满载排水量3080吨。动力系统900马力，最大航速9.5节。本轮后出售给大连政记轮船公司后改名"茂利"号，1942年1月6日在香港被日军俘虏征用，1945年被盟军飞机炸沉。

## SS Keong wai

"肯维"号(SS Keong wai)接收后改名"华庚"号。本轮原为英国苏格兰东方公司(The Scottish Shipbuilding & Eng. Co., Ltd.)的"肯维"号轮船(中国官方档案的中文译名为"姜维"号)，后来卖给北德意志公司并保留原名。本轮为英国费尔菲尔德(Fairfield Shipbuilding & Eng. Co., Ltd.)造船厂建造，1895年下水。船身长88米，宽11.5米，吃水6.55米，注册排水量1777吨，最大航速9.5节。本轮后来出售给常安轮船公司，改名"常安"轮，抗战爆发被征用，沉于上海十六铺码头前。

## SS Sexta

弗伦斯堡轮船公司(Flensburger Dampfschiffahrts Ges)的"塞克斯塔"号(SS Sexta)接收后改名"华辛"号。本轮为德国科克(Koch)造船厂建造，1905年12月9日下水。船身长81米，宽11.5米，吃水5.57米，排水量2650吨，最大航速9.5节。本轮后出售给大连政记轮船公司，改名"安利"号。

英国苏格兰东方公司时代的"肯维"号轮船（中国官方档案的中文译名为"姜维"号）。本轮后来卖给北德意志公司，第一次世界大战后被中国接收，改名"华庚"号。

### SS Triumpf

"特朗普"号(SS Triumpf)接收后改名"华壬"号。本轮于1901年完工,钢质船壳,船身长66.6米,宽10米,舱深6.2米,吃水5.8米,轻载排水量2011吨,标准排水量1242吨,4座水管锅炉三段膨胀式蒸汽主机,650马力,最大航速9节。本轮成为中国海军的"定安"号运输舰,曾被用来搭载水上飞机,1942年底被日军飞机击沉于川江下游。

### SS Helene

德国捷成洋行商船"海伦"号(SS Helene)接收后改名"华癸"号商船。本轮由德国凯而路厂制造,1901年完工。钢质船壳,舰身长66.4米,宽10米,舱深6.2米,吃水5.8米,轻载排水量2011吨,标准排水量1242吨,3座锅炉推动往复式蒸汽主机,918马力,最大航速11节。本轮后被海军征用作为运输舰,改名"克安"号,抗战前隶属第一舰队,抗战时于四川曾多次遭日机空袭而负伤,不过仍存活至抗战胜利,并且在1948年6月改名为"九华"号,隶属江防舰队。1950年11月在由左营开往基隆途中遇台风搁浅,经"大明"舰拖往马公修理无效后报废。

### SS Si Kiang

德国汉美公司(Hamburg-Amerika)商船"西江"号(SS Si Kiang)接收后被海军征用,作为运输舰改名"靖安"号。本舰于1906年完工,舰身长82.9米,宽12.2米,吃水5.4米,轻载排水量4000吨,标准排水量1015吨,1160马力,最大航速11节,乘员235人,装备2门47毫米炮,无线电呼号为"XQA"。1919年本舰曾奉派为吉黑江防筹备处的旗舰,率"江亨"舰、"利捷"舰、"利绥"舰赴哈尔滨驻防,是为东北第三舰队的起源。1933年10月,"靖安"舰在练习舰队名下废弃,后于1938年出售给意大利,改名"瑞欧"号(Reno),同年在宁波附近海域被凿沉。

### SS Mei Dah、SS Mei Lee

北德意志-劳埃德海运公司(Norddeutscher Lloyd)的"美大"号(SS Mei Dah)接收后改名"华大"号,之后成为招商局的"江大"轮。"美利"号(SS Mei Lee)接收后改名"华利"号,之后成为招商局的"江靖"轮。这两艘轮船为上海耶松船厂于1900年建造,长75.5米,宽9.11米,吃水3.14米,排水量1682吨,最大航速10节。这两艘轮船都在1940年被日军飞机炸沉于秭归。

德国捷成洋行商船"海伦"号接收后改名"华癸"号,后被海军征用为运输舰,再改名"克安"号。图为该轮在海军第一舰队"克安"号运输舰时代的留影。1948年6月本舰再改名"九华"号,以符合战后中国海军运输舰都以"山"命名的规则。1950年11月,本舰在由左营开往基隆途中遇台风搁浅于台中附近,最终因拖救无效而报废。

北德意志-劳埃德海运公司的"美利"轮,接收后改名"华利"号,是长江大型客轮的型式。

# 利通

"利通"号拖船是中国对德宣战后所接收的在华德国拖船,1906年完工。舰长45.1米,宽3.65米,吃水2.43米,排水量273吨,300马力,最大航速14节,乘员41人。装备4门47毫米炮。

"利通"号曾在1919年跟随"靖安"号运输舰护送"江亨"舰、"利绥"舰、"利捷"舰等浅水炮舰远赴东北成立吉黑江防舰队,于1929年6月在第二舰队任内与"甘泉"号、"福鼎"号同时被废弃。

"利通"号拖船。

禁运时期

# 武器禁运与代用炮舰

宣统三年（1911）10月21日，武昌起义后的第十一天，清廷与美国伯利恒钢铁公司（The Bethlehem Steel Co.）签订高达2500万两白银的海军贷款合同，以协助中国重建海军。这笔巨款除了用来订造大批舰艇外，还包括协助中国建立新的造船厂与军械厂，提高中国的舰船建造能力，派遣教官来华，中国海军军官进入美国军校深造和在美国舰队实习等多方面的合作计划。

当时的清廷经过甲午战争与庚子事变的重创急于重建舰队，而之前中国海军的舰艇装备多为英、德、日、法等国建造，舰队官兵操演则完全是英式训练，此次与美国签订如此广泛的合作计划，实为一大改变。尤其是装备与训练系统整个转向美国，中国在日后必定会逐渐脱离英国的影响而投向美国，因此造成英国相当的猜忌。

这种猜忌同样发生在第二次世界大战后英美两国对华军援舰艇的较劲上，只不过当时美国的力量已经远远凌驾于英国之上，中国海军终于还是投向了美国人的怀抱。不过在清末民初，英国在中国仍是"说了算"的老大哥，而民国初年的军阀内战更是给了英国很好的借口。

民国初年由于中国军阀之间无休止的内战，影响了列强在华利益的微妙平衡，英国便于1919年与其他列强各国达成对中国实行武器禁运的协议，解禁的条件是除非中国能成立一个统一的政府，伯利恒公司的合约因此无疾而终。两年后的1921年，在华盛顿海军会议上中国代表提出解禁要求，却因不符当时的裁军气氛而未能成功。到了1925年，美、英、日、法、意、荷、比、德等国签订了《禁助中国海军协议》，对中国的限制更加严苛，此后不要说是购舰，连对自造舰的技术协助、顾问派遣、教育训练、火炮弹药器械输入、中国海军学员留学等都一概不准。当时的中国海军舰队的建设遂完全停顿，从1919年禁令开始直到1929年中国完成形式上统一而解禁的十年间，无论自造或外购舰艇完全是一片空白，唯一的例外是1925年自英国购入一艘"甘露"号测量舰，不过只是因为那是艘无武装的民用船只，所以不受限。

在禁令实施前夕，中国各船厂曾经建造了8艘200吨以下的小型炮艇，都以"海"字号命名。1927年国民政府定都南京后，也曾经征用了一批共9艘的代用炮舰，也就是由江轮加装火炮改装成的炮舰，都以"胜"字号命名，加上也是民用船只改装的"甘露"号与"青天"号两艘测量舰，这就是民国初年到民国十八年（1912—1929）之间海军建设的全部成绩。

# 楚材（楚振）、楚安、楚信、楚义、鄂巡、襄巡

张之洞担任湖广总督时，曾替湖北采购大批舰艇，同时设立海军学堂，成为中国内陆省份拥有自己海军的特例。1910年清廷统一海军时，原属湖北的6艘"楚"字舰与4艘"湖"字艇虽被收归中央，但仍留下了一些基础。根据资料，北伐统一前，湖北省政府管辖下的巡防舰队先后拥有"楚振"舰、"楚材"舰、"楚安"舰、"楚义"舰、"楚信"舰、"鄂巡"舰、"襄巡"舰等炮舰。

其中，"楚材"舰为张之洞由两广总督调任湖广总督时向粤海关借用的"广丰"号缉私船，为1890年张之洞向朝廷申请留用，并改名"楚材"舰。本舰木壳，长53.2米，宽7.7米，排水量约950吨，蒸气主机，735马力，是湖北巡防舰队的主力。"楚"字舰和"湖"字艇被收归中央后，"楚材"舰等小型舰艇仍归湖北地方巡防使用，但不允许再用海军名义。

1918年4月25日夜，段祺瑞从汉口乘"楚泰"舰赴九江，由"楚材"舰护航，在长江丹水池附近撞沉招商局大型江轮"江宽"轮，船上乘客、船员共1200人，溺毙约900人。"楚材"舰不但不停下救援，舰上士兵反以刺刀将攀附在舰舷旁的落水者一一驱离。事后罹难家属上告法院，法院屡传"楚材"舰长赵进锐，赵均拒到，北京政府官官相护，最后不了了之。之后，"楚材"舰改名为"楚振"舰。（请参阅第26页彩图）

"楚振"舰于1923年被吴佩孚并入其长江舰队，第二次直奉战争吴佩孚失败后归孙传芳所有，并曾被用于与北伐军在上海地区的战斗，于1927年3月21日在南通被投诚北伐军的闽系海军所俘，在宁汉分裂时因被唐生智用于反对南京政府的军事行动，而在同年11月7日被南京政府的西征舰队击伤。

"楚振"舰最后下落不明，有一种说法是之后被江南造船厂改装为"武胜"号炮舰，不过没有更明确的证据证实。

早期在广东服役的海关缉私舰"广丰"号,排水量约950吨,本舰后来随张之洞从两广总督调任湖广总督时被带往湖北,改名"楚材"舰,成为湖北巡防舰队的主力。

# 威胜（决川/永兴）、德胜（濬蜀/文殊）

"决川"舰与"濬蜀"舰是原来日清汽船株式会社向上海江南造船厂订造的川江客轮"明德丸"与"宣仁丸"，后来由吴佩孚承购，于1924年初在武昌交货。吴佩孚在每艘船上装了2门75毫米陆军榴弹炮，配置106名舰员。"决川"舰被指定为新成立的长江舰队旗舰，统辖"濬蜀"舰与原湖北巡防舰艇"楚振"舰、"金瓯"舰、"长安"舰等，吴佩孚意图以这一支能航行于川江的小舰队溯长江而上控制四川。

1924年9月第二次直奉战争爆发，吴佩孚在山海关前线督战时，冯玉祥却在后方倒戈，吴佩孚兵败如山倒，退路被封锁，只得带领3000残兵在大沽登上运输舰"华甲"轮南下。吴佩孚垮台后，原来投靠直系的渤海舰队转投奉系，"楚材"舰与"决川"舰、"濬蜀"舰则归孙传芳。1927年，海军在上海的军舰在杨树庄率领下宣布投向北伐军，不久国民党内部又爆发宁汉分裂，混乱之中两舰被唐生智带往武汉，成立第四集团军长江舰队，两舰也被笃信佛教的唐生智改名"永兴"号与"文殊"号，并以"文殊"号为旗舰。1928年1月，这支小舰队被陈绍宽的西征舰队全部俘虏，两舰又回复"决川"舰与"濬蜀"舰的原名。

民船改装的"决川"舰与"濬蜀"舰回归到闽系的中央海军后，成为可有可无的角色，之后陈绍宽受到沈鸿烈以"镇海"号水上飞机母舰千里奔袭突击上海江南造船厂的刺激，也想效法，于是"决川"舰与"濬蜀"舰被送往江南造船厂进行大改造，拆除上层结构，让后半部空出广大平台搭载水上飞机，舰艉安装一具粗壮的吊臂来吊放飞机。两舰的改装费用分别是："决川"舰改造为"威胜"舰，花费8.1908万银圆；"濬蜀"舰改造为"德胜"，舰花费8.7460万银圆。

两舰改造后为钢质船壳，舰身长62.5米，宽9.45米，舱深3米，吃水2.4米，排水量932吨。3座燃煤锅炉，2部往复式蒸汽主机，2500马力（"德胜"舰为3000马力），最大航速16节，乘员军官15人，士兵78人。舰艏装备120毫米主炮1门、80毫米炮1门，舰艉装置75毫米野战炮1门。

孙中山奉安南京中山陵大典时，"威胜"舰奉令担任载运灵柩过长江的任务，这是她最显赫的时候，但之后就实在找不出适合的任务而在1933年转交长江水警局，然而水警也觉得这两艘舰是又花钱又无用之物，于是又退还海军。最后两舰在1937年8月11日抗战爆发后被用来沉塞长江航道。（请参阅第27页彩图）

"德胜"号和"威胜"号水上飞机母舰的前身——吴佩孚的"决川"舰与"濬蜀"舰。注意其舰艏并列的两门75毫米陆军榴弹炮。这两艘船更早是川江客轮，于1926年被吴佩孚征用改装为运兵船。

1929年前后由川江客轮"濬蜀"号改造的"德胜"号水上飞机母舰，注意她的主桅上有探照灯桅盘，这是姊妹舰"威胜"号所没有的。

"威胜"号水上飞机母舰，舰艉有一具巨大的起重机用来吊放水上飞机。相比于姊妹舰"德胜"号，"威胜"号的主桅上空空如也，没有探照灯桅盘。

"威胜"号从来没有机会发挥水上飞机母舰的功能,最出名的任务就是中山陵落成,国民政府将孙中山的灵柩从北平搬迁到南京举行奉安典礼,"威胜"号担负迎灵过江的任务。

# 诚胜、勇胜、公胜、义胜、正胜、武胜

"诚胜"舰为上海耶松造船厂1900年建造，造价国币24万元。原为汉冶萍公司的拖轮"萍通"号，被唐生智纳入长江舰队时命名为"江通"号。1928年4月纳入海军，在江南造船厂改造成军舰，改装费用2.3727万银圆。

"诚胜"号铁质船壳，舰身长36.58米，宽6米，舱深2.5米，吃水2.1米，排水量276吨，1座燃煤水管锅炉，2部双缸二段膨胀蒸汽主机，450马力，最大航速12节。乘员军官7人，士兵37人，装备76毫米主炮1门、57毫米炮1门、7.9毫米机枪2挺。

本舰1929年拨给海岸巡防队，1936年4月改隶测量队，抗战爆发后调往青岛，当时的舰长为李中荣。后来调回长江驻防湖口，并撤入四川驻防宜昌直到战后。1949年11月25日在广西柳州被解放军俘获。

"勇胜"舰为上海江南造船厂1908年建造，原为汉冶萍公司的拖轮"萍寿"号，曾被唐生智纳入长江舰队。1928年4月编入海军，在江南造船厂改造成军舰，改装费用2.6579万银圆。

"勇胜"号舰身长39米，宽6.4米，吃水2.4米，排水量280吨，1座燃煤水管锅炉，2部双缸二段膨胀式蒸汽主机，500马力，最大航速10节。乘员军官7人，士兵37人，装备76毫米主炮1门、57毫米炮1门、7.9毫米机枪2挺。

本舰1929年拨给海岸巡防队，1938年11月11日与"勇胜"舰在护送水雷时一起被日军飞机击沉于藕池口，当时的舰长为官箴。

"公胜"号为湖北扬子造船厂1911年建造，原为汉冶萍公司的拖轮"萍达"号，1928年6月编入海军。铁质船壳，舰身长39米，宽6.4米，吃水2.4米，排水量280吨，1座燃煤水管锅炉，2部双缸二段膨胀蒸汽主机，400马力，最大航速10节。乘员军官7人，士兵37人，装备76毫米主炮1门、57毫米炮1门、7.9毫米机枪2挺。

一说本舰与"青天"舰于1930年互换舰名，也就是"公胜"号炮艇改装为测量舰命名"青天"号，原来"青天"号测量舰改装为浅水炮舰命名"公胜"号。"公胜"舰在1936年改隶测量队，抗战爆发后调往广东驻守虎门，1938年10月21日由广州撤往西江时被日机击沉，当时的舰长为何传永。

"义胜"舰为湖北扬子造船厂 1911 年建造，原为汉冶萍公司的拖轮"萍强"号，1926 年陈绍宽率领的西征舰队在荻港俘获了本舰，1928 年 1 月编入海军，在江南造船厂改造成军舰，改名"义胜"号，改装费用 1.9714 万银圆。

本舰铁质船壳，舰身长 38.4 米，宽 6.3 米，舱深 4.4 米，吃水 3.3 米，排水量 350 吨，1 座燃煤水管锅炉，2 部双缸二段膨胀蒸汽主机，450 马力，最大航速 10 节。乘员军官 7 人，士兵 37 人，装备 76 毫米主炮 1 门、65 毫米炮 1 门、7.9 毫米机枪 2 挺。1938 年 3 月 27 日被日机三架击沉于马当及湖口要塞防线，当时的舰长为熊兆。

以上各舰改造的设计基本都差不多，增加了艏艉楼，以便让原来纯粹的内河船只兼具近海航行的能力，改造后外观最大的特色是都具有古典风格的飞剪式舰艏。

"正胜"舰为湖北扬子造船厂 1911 年建造，原为汉冶萍公司的拖轮"萍丰"号，1928 年 6 月编入海军并在江南造船厂改造成军舰，改装费用 6.787 万银圆，原名"仁胜"号，于 1930 年 11 月改名为"正胜"号。

本舰铁质船壳，舰身长 38.1 米，宽 6.6 米，吃水 2.4 米，排水量 260 吨，1 座燃煤水管锅炉，2 部双缸二段膨胀蒸汽主机，500 马力，最大航速 10 节。乘员军官 7 人，士兵 37 人，装备 76 毫米主炮 1 门、57 毫米炮 1 门、7.9 毫米机枪 2 挺。

抗战初始，本舰的舰长为曾国奇。1938 年 11 月 11 日，本舰与"勇胜"舰在护送水雷时同被日军飞机击沉于藕池口。

"诚胜"号炮舰。

"勇胜"号炮舰。

"勇胜"号炮舰。

"义胜"号炮舰。

"诚胜"号炮舰在厦门。

"正胜"号炮舰。

# 顺胜

"顺胜"舰为上海瑞容造船厂1911年建造，造价5万两白银。原为江轮"江顺"号，后被唐生智征用为长江舰队的一员，1929年12月编入海军，在江南造船厂改造成军舰，改装费用6.9534万银圆。

本舰铁质船壳，舰身长44.5米，宽7.3米，舱深2米，吃水1.8米，排水量380吨，1座燃煤水管锅炉，2部双缸二段膨胀蒸汽主机，500马力，最大航速9节。乘员军官10人，士兵57人，装备76毫米主炮2门、37毫米炮2门、7.9毫米机枪4挺。本舰与其他"胜"字号炮舰不同，并非飞剪式船艏，而是带艏楼的巡洋舰式舰艏，江南造船厂后来建造的10艘"宁"字号炮艇就是以此舰为蓝本。

抗战初始，本舰的舰长为汤宝璜。1938年11月9日，本舰自沉于营田滩江面，以阻止日舰进攻长沙。

"顺胜"号炮舰。本舰与其他"胜"字号炮舰不同,并非飞剪式船艏,而是带艏楼的巡洋舰式舰艏,江南造船厂后来建造的10艘"宁"字号炮艇就是以此舰为蓝本。

# 武胜、绥胜、捷胜

"武胜"舰为英国造船厂于1869年建造,木质船壳结构。本舰来源一说是原名"江平"号的内河航船,一说是前"楚材"舰(后改名"楚振"舰)。1928年1月编入海军隶属测量队,在江南造船厂的改造费用为5262.89银圆。

舰身长58.5米,宽8.23米,舱深5.2米,吃水3.3米,排水量740吨,燃煤蒸汽主机,900马力,最大航速11节,全舰无武装。本舰1935年废弃,1937年8月被征用,作为堵塞舰自沉于长江航道,末任舰长为周雪斋。

"绥胜"号为吴佩孚长江舰队的"长安"艇,该艇曾被唐生智掳用并改名为"江大"号,编入海军后改装费用为5555.56银圆。"捷胜"号则可能是吴佩孚长江舰队的"金瓯"号,编入海军后改装费用为3206银圆。

# 青天、瞰日（联鲸）

为了从海关手中取回中国海岸航道测量的主导权，1922年4月21日，海军成立海道测量局。1925年，"海鹰"号炮艇改名"景星"号，"海鹏"号改名"庆云"号，成为中国最早的测量艇。

之后陆续编入"青天"号与"瞰日"号两艘测量舰艇。其中"青天"号测量艇由汉口合泰造船厂建造，1923年完工，原为民用船只，于1928年4月编入海军第二舰队，在江南造船厂改造成军舰，改装费用5.5677万银圆。

本舰钢质船壳，舰身长44.2米，宽6.4米，舱深3.65米，吃水2.1米，排水量279吨，1座燃煤水管锅炉，2部双缸三段膨胀蒸汽主机，200马力，最大航速8节。乘员军官12人，士兵51人，舰艏装备37毫米炮1门。

一说本舰与"公胜"舰于1930年互换舰名，也就是"公胜"号炮艇改装为测量舰命名"青天"号，原"青天"号测量舰改装为浅水炮舰命名"公胜"号。1937年10月，"青天"号被日机炸毁沉没于江阴龙稍港，当时舰长为叶裕和。

"青天"号是海军海道测量局的传统使用名称，抗战后接收的汪精卫伪政权海军535吨级原名为"鄱阳"号的测量舰就被改名为"青天"号。时至今日，台湾左营海军海道测量局的营区仍命名为"青天营区"。（请参阅第28页彩图）

"联鲸"舰原为清末海军大臣载洵的游艇，1911年完工，造价国币35万元（约合11.55万两白银）。铁质船壳，舰长52.7米，宽7.6米，舱深3.8米，吃水3.3米，排水量500吨，2座燃煤锅炉，2座往复式蒸汽主机，800马力，最大航速13节。乘员军官18人，士兵76人，装备37毫米机炮2门、7.9毫米机枪2挺。本舰无线电呼号为"XRC"。

1930年，"联鲸"舰编入测量队，改名"瞰日"号，1937年8月26日在通州洋面执行破坏灯标任务时被日舰及日机击沉。"联鲸"舰清末首任管带为许建华，被击沉时之末任舰长为谢为良。（请参阅第29页彩图）

"青天"号测量舰。

# 景星（海鹰）、庆云（海鹏）

"海鹰"艇由大沽造船所建造，1918年完工，造价8万两白银。艇身长33米，宽5.46米，舱深3米，吃水2.4米，排水量140吨，1座燃煤水管锅炉，1部双缸二段膨胀蒸汽主机，230马力，最大航速8节。乘员军官10人，士兵32人，装备37毫米炮2门。

"海鹏"艇由江南造船厂建造，1920年完工，造价5万两白银。艇身长33米，宽5.2米，舱深2.7米，吃水2.4米，排水量120.5吨，1座燃煤水管锅炉，1部双缸二段膨胀蒸汽主机，200马力，最大航速8节。乘员军官10人，士兵33人，装备37毫米炮2门、7.9毫米机枪2挺。

1925年两艇改为测量艇，隶属海道测量局，"海鹰"号改名"景星"号，"海鹏"号改名"庆云"号。两艇均于1936年4月被废弃。

"庆云"号测量艇，本艇原是江南造船厂建造的"海鹏"号炮艇。

"景星"号测量艇，本艇原是大沽造船所建造的"海鹰"号炮艇。

# 甘露

"甘露"号测量舰原为英国富豪的私人游艇,由英国瑞玛格福格森(Ramage & Ferguson)造船厂建造,1903年完工,原名"洛伊娜"号(Lorena),后来转售给美国的高德家族,改名"亚特兰大"号(Atlanta)。第一次世界大战爆发被征用,最后在英国出售,1924年7月由中国海军部通过洋行购得,购价22万国币,于1924年11月驶抵中国。本舰为列强对华军火禁运十年中唯一获得的外购舰艇,因为是没有武装的民用船只,所以才未受限。本舰原计划改名"瑞旭"号,成军时改名为"甘露"号,首任舰长为江宝容。

"甘露"号钢质船壳,舰身长99米,宽10.28米,舱深6.8米,吃水5.5米,排水量2132吨。3座柴油主机,1200马力(本舰为中国海军第一艘柴油主机舰艇),最大航速12.75节。乘员军官23人,士兵93人,装备2门57毫米炮、1门37毫米炮、2挺7.9毫米机枪。为了提高测量效率,还加装4艘汽艇以便同时作业。(请参阅第30页彩图)

1940年9月3日,本舰在巴东台子湾被日军飞机炸沉。

"甘露"号测量舰原来是欧美富豪的私人游艇,飞剪式的舰艏展现一派古典豪华优雅的风格,与另一艘由海军大臣游艇"联鲸"号改装的测量舰"皦日"号类似。

北伐

# 苏联军舰运补黄埔军校

1924年6月16日黄埔军校成立时仅有三十几枝仿造德国毛瑟的旧步枪，当时广州的军阀与商团根本不把他们放在眼里。此时的孙中山处于最低潮，已经不可能从英、美或日本得到援助，唯一可能的援助来源就是苏联。1924年1月，国民党在广州举行的第一次全国代表大会中确定"联俄联共"政策后，苏联决定以实际行动支持孙中山创办黄埔军校，提供大量的武器、资金与顾问。

但是要把如此庞大的军火物资从苏联运到广州也不是件容易的事，当时海上航线几乎都被英国皇家海军所控制，而西方国家对刚建立的苏维埃政权充满了敌意，长途海上航行途中会发生什么事情谁也说不准，于是莫斯科方面安排了一艘商船从波罗的海绕过大半个地球来到远东海参崴。这是苏联成立后的第一次远航活动，就是为了孙中山在广州创办黄埔军校。

莫斯科挑选的是一艘护渔船"沃罗夫斯基"号（VOROVSKY），她原来是一艘美国富商的私人游艇，在英国建造，1901年完工，排水量1943吨，蒸汽轮机，最大航速19.5节。1914年被俄国皇家海军购入，改名"拉茨特拉达"号（LYZYSTRADA），曾在1918年被英国海军俘虏，后来归还俄国。苏联成立后于1920年编入苏联红海军，于1924年加装2门102毫米炮成为护渔船，并改名为"沃罗夫斯基"号。"沃罗夫斯基"号外观像游艇，所以不像军舰那么敏感，但是却拥有大型炮舰的火力，真要交火也不见得会吃亏。

苏联秘密将8000支步枪、100挺机枪、2000万发子弹、24门山炮、50具掷弹筒，以及价值10万卢布的黄金搬上船，整整装满了4个船舱，由18名保密总局派来的人日夜看管，连船员都不知道里面装的是什么东西。"沃罗夫斯基"号于1924年7月12日出发，10月6日抵达香港加煤时接到莫斯科来的密电，将原定次日出港开往日本横滨的计划改为转向进入珠江直奔广州黄埔岛。8日傍晚抵达黄埔岛，次日黄埔军校动员全校师生，花了一整天才把军火卸完。

按原定计划，"沃罗夫斯基"号要在10月12日离开广州北上，不料在10月10日爆发了广州商团叛乱事件。当时的商团以汇丰银行买办陈廉伯为首，得到英国幕后支持，拥有多达1.3万人的兵力与强大的火力，由于之前孙中山扣留了商团向外国订购的军火，双方交恶。但是商团没有料到"沃罗夫斯基"号到来，不但让黄埔学生军获得了大批装备，船上的苏联水兵也留下来一起战斗，苏联武器强大的火力与苏联顾问的指导，加上北伐军主力回师，迅速打垮了广州商团，陈廉伯只好亡命香港，商团的武器都落入黄埔军校之手，这些都成为日后蒋介石北伐的本钱。

"沃罗夫斯基"号于11月11日离开广州继续前往海参崴，此后一直服役到1966年才拆解。从历史的角度看，"沃罗夫斯基"号可能比当时任何海军舰艇都重要，若非她及时到达黄埔岛，黄埔军校恐怕早已夭折，中国的近代史也必将被改写。（请参阅第31页彩图）

# "海军沪队"归顺

中国海军本来就极为弱小，民国初年又经过数次分裂。1917年7月，程璧光率领第一舰队大部分舰艇南下广州支持孙中山，成为护法舰队。到了1923年，温树德又率护法舰队离开广州北返投靠吴佩孚，成立渤海舰队，这支舰队经过张宗昌，最后在1927年8月17日被张作霖收编，成为东北舰队的基础。

护法舰队南下之后，剩下的海军舰只1923年又在上海分裂，赞同皖系联省自治主张的林建章组成"海军沪队"，抗衡同样是闽系出身但支持直系统一主张的杜锡圭。皖系失败后，"海军沪队"回归到直系旗下。1924年3月，眼见山东籍的温树德因掌握渤海舰队声势日涨，侵犯传统闽系地盘，杜锡圭联合闽系将领反对，甚至派舰艇与陆战队出兵山东。1924年第二次直奉战争中，冯玉祥的倒戈使得吴佩孚的直系大败，杜锡圭的海军总长也跟着垮台，副手杨树庄接任海军总司令，虽然之后直奉两系联手驱逐冯玉祥共治北京，杜锡圭复任海军总长，但已经是回光返照。

1927年3月12日，北伐军攻克南京，14日，杨树庄宣布"海军沪队"投向北伐军阵营，丧失大部分舰艇的北京海军部因此撤销，只剩下沈鸿烈的东北舰队继续与北伐军对抗。"海军沪队"的归顺对缺少海军力量的北伐军帮助很大，当时南京刚刚被攻克，北伐军兵力不足，孙传芳聚集大批军队渡江进攻。"海军沪队"第二舰队司令陈绍宽率领军舰撞击渡江的孙军木船，同时阻断已经上陆的孙军后路，让孙传芳大败而逃，孙传芳实力耗尽，从此退出政坛，这就是北伐历史上极为重要的"龙潭之役"。

之后宁汉分裂，忠于南京政府的陈绍宽组织西征舰队溯江上驶，在武汉击溃唐生智由商船改装的小舰队。1929年蒋介石与桂系发生战争，陈绍宽再度率领西征舰队帮助蒋介石底定两湖区域，陈绍宽因功成为海军部政务次长兼第二舰队司令，仅次于担任国民政府第一任海军部长的杨树庄，超越当时的第一舰队司令陈季良。不久杨树庄去职，并于1934年去世，陈绍宽接替杨树庄担任海军部长直到抗战胜利后，开启了中国海军十余年的"陈绍宽时代"。

# 龙潭之役

龙潭之役是北伐军历史上最惨烈的一役，也是少数有海军参加并产生决定性影响的一战。战役的背景是1927年8月13日蒋介石因之前指挥徐州之役大败而宣布辞去国民革命军总司令。蒋介石下野后，南京的长江对岸全为孙传芳所掌握，孙传芳召集大军准备渡江，同时国民党内因宁汉分裂，掌握武汉军权的唐生智也组织东征军沿长江向南京推进，想趁机坐收渔翁之利，消灭南京政权。

此时南京城内防守兵力空虚，唯一能协防的就是刚归顺的海军舰队。于是8月24日，第二舰队司令陈绍宽率领"楚有"舰、"楚同"舰、"楚观"舰以及后来加入的"通济"舰，在江面以炮击和舰艏冲撞方式，击沉孙传芳部队的许多渡江木船，孙军淹死无数，加上渡口被海军封锁，过江的孙部补给断绝，最终有4万人或淹死或战死，另有2万余人投降，孙传芳实力耗尽，从此退出政治舞台，这就是北伐历史上最重要，也是伤亡最大的龙潭之役。（请参阅第32页彩图）

从龙潭之役可以发现，"楚"字号军舰虽然性能很差，但对付陆军部队仍绰绰有余，其舰上舰艏各一门的120毫米炮，无论口径、炮管长度还是准确度都远超陆军的火炮，加上左右各一门76毫米炮，三艘"楚"字号军舰的火力加起来超过当时陆军的一个重炮营，而且还能在水上机动。此外，"楚"字号军舰上还装有"冲角"，这种"老古董"级的玩意儿在当时世界海军已经没有人使用了，就因为"楚"字号军舰十分老旧，所以一直保留下来，正好用来对付孙传芳军渡江的木船，发挥了很大的作用。

龙潭之役是陈绍宽加入北伐军阵营所立的首功。事实上孙传芳事前已买通陈绍宽的上司杨树庄，所以刚开始时海军态度暧昧，让孙军得以渡江，后来李宗仁与白崇禧派兵登舰督战，海军态度才趋明朗。北伐军如果在龙潭之役失败，将引起连锁反应，国民党的历史势必将要改写。

# 西征舰队

1927年10月10日，南京国民政府命令海军第二舰队司令陈绍宽率"楚有"舰、"楚同"舰、"永绩"舰、"永健"舰和"江贞"舰等六艘军舰组成西征舰队由下关出发，向西攻打宁汉分裂后武汉政权的军事力量掌握者唐生智。23日拂晓，各舰在大通与唐生智的"楚振"舰、"濬蜀"舰、"江平"舰、"江通"舰和"江寿"舰相遇。唐军舰艇大多由商船改装，遇上真正的军舰自知不敌，迅速溃逃。11月2日，唐军的"楚振"号炮舰被西征舰队的"楚有"舰和"江贞"舰在武穴击中后逃逸。西征舰队于14日驶入汉口，15日抵达武昌，继而克复湖南岳阳等地。10月26日，唐生智与南京议和，西征舰队任务完成。整个战役呈一面倒形势，陈绍宽俘虏了所有唐生智军的舰艇，后来全部送往江南造船厂改装成为后来的"胜"字号炮舰。（请参阅第33页彩图）

1929年3月蒋介石与桂系发生战争，陈绍宽再度率领西征舰队，以"应瑞"舰担任旗舰，掩护蒋介石部队占领湖北、湖南等地。海军在北伐中曾经扮演重要角色，但后来的历史却很少提及海军的贡献，问题出在海军自成体系，完全由闽系控制，在1927年3月14日"海军沪队"归顺后仍不受信任，杨树庄本身就暗通孙传芳，陈绍宽一开始是反对归顺的，所以蒋介石从未把当时闽系自称的中央海军当成嫡系，而要另外搞一个"海军的黄埔军校"电雷学校，也就不足为奇了。

陈绍宽后来常以海军应是国家而非党派的军队来与蒋介石对呛，但观察闽系在军阀内战时代的表现，实在担当不起这个崇高的责任，甚至连基本的江湖道义都谈不上。这些让靠党军起家的蒋介石看在眼里，他当然认为闽系海军没有主义，用钱就可以买通，自然不可能加以信任。

不过陈绍宽毕竟在龙潭之役与两次西征中为北伐军立下不少功劳，让他成为海军中仅次于杨树庄的二号人物，并在不久接任海军部长。而陈绍宽从这几次战役中也看出什么样的装备最适合中国军阀内战的需求，这影响了他在抗战前"黄金十年"的海军舰艇建设中树立的指导原则。

# 万县事件

受到大革命的影响，从1926年起，全国各地都掀起了反对西方帝国主义的运动。当时的北伐军在西方人眼中就是"红军"，北洋政府称之为"赤匪"，蒋介石则是公认的"红色将军"。

1926年8月29日，英商太古洋行的"万流"号轮船（SS Wanliu）在四川云阳江面高速行驶，掀起大浪翻沉中国木船3艘，淹死船上驻万县杨森部队的连长1人、排长1人、士兵56人，损失枪枝56支、子弹5500发、饷银8.5万元。当天杨森派轮船检查长率兵8人赴"万流"轮调查事件经过时又遭附近的英国浅水炮舰"柯克捷夫"号（HMS Cockchafer）攻击，造成数人重伤，因此8月30日当太古公司的"万通"号（SS Wantung）、"万县"号（SS Wanhsien）两艘轮船由重庆驶抵万县停靠时，就被杨森派兵扣留。9月4日，英国领事发出通牒，限24小时内放行两艘轮船，这就是"万县事件"发生的背景，但与当时全国各地反西方帝国主义排外运动所造成的氛围其实有密切关系。

9月5日13时，英国海军人员驾驶由原怡和洋行轮船"嘉和"号（SS Kiawo）改装的武装商船驶抵万县，与英国军舰"威警"号（HMS Widgeon）、"柯克捷夫"号会合并向被扣的"万县"轮靠拢。17时，"嘉和"轮上20余名英国水兵开枪击毙"万县"轮上的守船士兵2人并跳帮砍缆，守船的杨森部队还击，迫使英军退回。18时，英军又强行登上"万通"轮，遭到川军猛烈还击，英军指挥官达尔利中校当场被击毙。19时，"嘉和"轮无功而返。是役英军死伤21人，川军死亡20余人。（请参阅第35页彩图）

随后"嘉和"轮率同"威警"号与"柯克捷夫"号炮舰开近万县江边，开炮轰击万县市区近3个小时，发射炮弹和燃烧弹总共达300余发，万县中国军民死伤数以千计，包括平民死亡604人，伤398人，民房商店被毁千余家，中方称之为"万县惨案"。事后经过北洋政府的外交折冲，杨森不得不于9月23日下令释放"万通"号和"万县"号。（请参阅第36页彩图）

表面看起来这是川军部队的单一事件，事实上这与当时全国反西方帝国主义运动所造成的大氛围有关，但在这些运动中对西人产业与侨民的烧杀掳掠，却也让列强想起1900年义和团事件。1927年1月4日，数十万民众冲入汉口英国租界，英军被迫撤出，1月6日，九江租界也发生同样情况。为防止局面失控，英国号召各国大量增兵来华，于是各国军舰云集上海，浅水炮舰更上驶到重庆等地，3月24日的"南京事件"更使事态达到了高潮。

# 南京事件

1927年3月24日上午，进入南京的北伐军第二军和第六军有少数士兵抢劫南京城内和下关的外国领事馆、教堂、学校、商社、医院、外侨住宅，乱兵枪杀了金陵大学副校长美国人文怀恩博士（Dr. J. E. Williams）和震旦大学预科学校的意大利籍校长，英国驻南京领事哈伯特·格莱斯（Herbert A. Giles）也受到枪伤。应被围困的美国领事要求，停泊在长江上的英、美军舰自下午15时起开始炮轰南京城，持续约1小时，抢劫风潮才逐渐被压制。（请参阅第37页彩图）

在这次事件中外国侨民死亡人数：英国2人，美、法、日、意各1人，另有舰上水兵1人。受伤人数：美国3人，英、日各2人。中方死亡约40人，伤数十人。事后南京政府与各国交涉，在1928年陆续达成和解，中方道歉并付出大笔赔款，但通过与各国的交涉，也让新成立的南京政权获得了列强承认，并建立了外交沟通渠道。

南京事件让蒋介石开始重新思考与西方国家的关系，因为与西方决裂将使得中国不得不完全倒向苏联，这正是苏联所希望的，而完全不能控制北伐军中党代表的行动也让蒋介石心生警觉，南京事件成为一个重要的转折点。到了4月12日北伐军进入上海，蒋介石即对上海工人纠察队展开清洗，同时发动清党行动，驱逐苏联顾问与共产党员，国共从此分裂，蒋介石也从"红色将军"转而投向西方国家的怀抱。

其实列强也在南京事件中观察蒋介石，譬如日本就支持蒋介石而置身事外，因为日本最大的敌人是苏联而非中国，需要强而有力的中国领导人率领一个不太衰弱的中国替日本挡住苏联，因此蒋介石在1927年政治立场的改变实在是有诸多客观因素在起作用，当然，他在这一年娶了具有深厚西方背景的宋美龄应该也发挥了相当的作用。

"南京事件"与"万县事件"仅是1926到1928年间较为著名的排外事件，事实上当时在中国其他地方还有许多类似的事件发生，但中国的历史教科书很少提及。对西方人来说，赛珍珠的小说与好莱坞大片《圣保罗号炮艇》等电影，是他们对这一段时间中国最深刻的印象。

# 电影《圣保罗号炮艇》

电影《圣保罗号炮艇》(The Sand Pebbles)改编自理查德·麦金纳(Richard McKenna)的同名小说,描述1920年代美国浅水炮艇"圣保罗"号在中国所发生的故事。1926年从广州出发的北伐军势如破竹,影响所及,长江流域各地的工人与学生都发动大规模的反西方示威游行,准备迎接北伐军。他们不但攻击西方人,甚至意图收回租界,这使得英、美、法、日等国大为紧张,纷纷派遣军队与军舰来华,长江上游的西方侨民则纷纷往上海撤退,这就是电影《圣保罗号炮艇》的背景(电影背景设定为湖南长沙)。同样的背景也出现在赛珍珠的小说,以及其他许多由西方拍摄的与中国有关的电影之中。

不料在1927年4月北伐军即将进入上海的前夕,一向被视为"红色将军"的北伐军总司令蒋介石突然倒向西方阵营,利用青帮势力屠杀上海工人纠察队,这不但造成革命阵营中宁汉分裂,还让蒋介石与英美势力及江浙财阀挂钩,开始了蒋介石掌握中国政坛22年的时代。但这一段纠葛的历史在国民党统治下被视为禁忌,这就使得电影《圣保罗号炮艇》虽然在台湾拍摄,最后却在台湾遭到禁演。(请参阅第38页彩图)

《圣保罗号炮艇》大部分镜头在台湾拍摄,导演监制罗伯特·怀斯(Robert Wise)是好莱坞的大腕级人物,男女主角史帝夫·麦坤(Steve McQueen)与甘蒂丝·贝尔根(Candice Bergen)也都是好莱坞一线明星,连配角都是一时之选,包括后来的大导演理查德·艾登伯卢(Richard Attenborough)。尤其是那艘在香港1:1打造的炮艇,被誉为有史以来最昂贵的电影道具,这样的国际级大片拍成之后竟然在台湾被禁演,问题就出在有个镜头里的军官是北伐军的秦少校(由美籍华人理查德·罗饰演),率领一队士兵占领美国人的产业,扯下星条旗换上青天白日满地红国旗,与"圣保罗"号炮艇派来干涉的美国海军官兵对抗。由于老百姓都支持北伐军反对西方帝国主义势力,美国海军不敢犯众怒,只好悻悻然撤退。

剧情看起来很政治正确,但是1927年"四一二政变"后蒋介石投向西方,到了台湾之后更需要美国的支持,这时再提反对帝国主义的往事就有点哪壶不开提那壶了。尤其是电影中还有在淡水拍摄的民众驾小船包围"圣保罗"号炮艇示威的镜头。1960年代,越南及东亚各地都有激烈的反美运动，国民党宣传机构将之一概定义为共产党在幕后操纵。看到电影中这种场景，自然挑起了国民党最敏感的神经。

电影《圣保罗号炮艇》1990年代才在台湾解禁，但已经没有多少人记得当年的景况，影片的票房也不甚理想，很快就下线停映了。

东北海军

# 东北海军的源起与组成

东北海军的起源要从第一次世界大战说起。当1917年中国参战之后，根据国际法，有权扣留敌国也就是德、奥在中国境内的军舰与商船。当时德国的主力舰队早已在日本攻占青岛之前离开，还留下三艘无法出海的浅水炮艇，其中"祖国"号和"水獭"号被中国顺利接收，改名"利绥"号与"利捷"号，另一艘"青岛"号则被德国水兵自沉。

欧洲战争后来引发了俄国的十月革命，远东地区红、白两军混战，让北洋政府觉得这是收回黑龙江与松花江航运权的机会，于是在1919年7月派遣"江亨"舰、"利绥"舰与"利捷"舰加上拖船"利通"号开赴东北。由于各舰原是浅水炮舰，还临时加高船舷以便出海。另外派遣运输舰"靖安"号担任旗舰与支援补给。各舰自上海出发经东海、黄海、日本海及鞑靼海峡进入黑龙江，到达俄罗斯的庙街过冬，第二年才由伯力进入松花江，抵达哈尔滨，停留期间"江亨"舰还发生了借炮给俄国无政府主义叛军屠杀日侨700余人的"庙街事件"（日人称"尼港事件"，"江亨"舰因此被日本扣留，经双方政府谈判，舰长陈世英被免职后才被释放）。

由于防区太广兵力不够，北洋政府又从哈尔滨戊通公司购买三艘内河明轮商船，并借用中东铁路局的一艘轮船加装火炮改装成军舰，分别命名为"江平"舰、"江安"舰、"江通"舰与"利济"舰，并于1920年6月成立了吉黑江防司令公署，由王崇文担任中将司令，这就是东北海军的滥觞。（请参阅第39页彩图）

由于当时北洋政府财政困窘，这支远戍北方小舰队的经费常常被拖欠，王崇文只好经常向东北的实权人物张作霖求援，久而久之北洋政府默认成为事实，于是1922年春，吉黑江防司令公署划归东三省保安司令部管辖，正式成为张作霖的属下。在吉黑江防舰队归入张作霖帐下后，王崇文的参谋沈鸿烈向张作霖密报王崇文账目不清，于是王崇文被张作霖革职，沈鸿烈随即被张作霖提拔为东北海军的实权人物，开启了15年的沈鸿烈时代。

沈鸿烈（1882年10月27日—1969年3月12日），湖北天门人，曾在日本商船学校学习，或许因为他没有受过马尾海校那种英国正规的海军训练，思想比较灵活，在战术上常有出人意料的创意，与广东海军的领军人物陈策可说是南北相互辉映。也因为不是马尾出身，沈鸿烈被当时的主流派闽系排挤，无法在海军部立足，所以投奔东北，这使得沈鸿烈对闽系十分反感，他的态度也深深地影响了他的学生，造成青岛系与闽系间的深刻矛盾，战后被桂永清利用来整肃马尾军官。

张作霖非常信任沈鸿烈，曾有人向张作霖告发沈鸿烈"账目不清"，张作霖干脆取消会计处，完全不用账目，以后正式成立东北海军也特准免查，对沈鸿烈完全信任，这可能和东北移垦社会不排外的文化传统有关。当然沈鸿烈也是非常小心，在东北军复杂的派系关系中保持低调中立，不与人冲突，以致少帅张学良上台后依然对沈鸿烈信任有加。

其实张作霖原来对海军是没有太多认识的，他是在直奉战争失败出关经过秦皇岛时被萨镇冰率领的舰队从海上沿路炮击，狼狈万分逃回关外，才下定决心要搞一支自己的海军的。（请参阅第40页彩图）

由于吉黑江防舰队只是内河舰船，张作霖还想往海上发展，但当时世界各国以中国尚在内战为由实施禁运，有钱也买不到军舰。于是沈鸿烈发挥创意，在1923年7月向政记航运公司买下一艘排水量2708吨的前德国海军运输舰"祥利"号，将其改装成中国第一艘水上飞机母舰，改名为"镇海"号，舰艉甲板搭载两架法国制谢莱克式（Schreck）水上飞机。次年又向政记公司买下排水量2000吨，原为日本"嘉代丸"的"广利"号轮船，改装为训练舰，命名"威海"。1924年11月直奉战争，又接收了大沽造船所由海参崴购回，排水量1100吨的俄国破冰船"查·史查多·尼可"号（Tsar Shichedo Nicou），改装为运输舰。沈鸿烈还通过关系，于1926年自日本购入一艘排水量127吨的民用客船"宇部丸"，事实上它是日本海军退役的德国造鱼雷艇"白鹰"号，沈鸿烈将她整修一新，装配武器重新命名为"飞鹏"号。通过这些非正规方式，沈鸿烈终于建立了东北海防舰队的雏型。

商船改装毕竟非长久之计，外购军舰又没有门路，就在这时机会送上门来了。1917年南下的护法舰队在1923年因与孙中山发生矛盾，温树德率领"海圻"舰、"海琛"舰、"肇和"舰、"永翔"舰、"楚豫"舰和"同安"舰六艘军舰于12月陆续抵达青岛，投奔直系吴佩孚，成立渤海舰队。1925年直系兵败，渤海舰队归奉系山东督办张宗昌管辖，当时张宗昌与张作霖是亦敌亦友的关系，张作霖派沈鸿烈以补发水兵欠饷、买通日本人拖延在旅顺进坞的"海圻"舰工期等各种方式，终于在1927年7月10日把当年中国实力最强的一批军舰纳入囊中。不过两个系统的整合并不顺利，8月初就因更换干部问题发生两派在青岛港内外摆开舰队对峙的紧张局面，后由沈鸿烈请张宗昌出面安抚，暗中派兵强力接管才得以解决，但东北舰队派系复杂的问题始终是沈鸿烈挥之不去的隐忧。（请参阅第41页彩图）

渤海舰队各舰纳入后成立东北海防第二舰队，原来商船改装的各舰成立海防第一舰队，吉黑江防舰队则改称江防舰队，三支舰队组成的东北舰队成为当时全国实力最强的一支海军，这是东北海军的鼎盛时期。

张氏父子也十分重视海军航空。1923年购进英国制水上飞机两架作为训练之用。1926年3月，东北水上飞机队在秦皇岛建立，有飞机四架，以华侨黄社旺为队长，直隶海防舰队，同时开办海防飞行训练班。1928年底，水上飞机队迁往青岛。1933年时共有水上飞机八架，包括法国制谢莱克式六架和英国FBA19型两架，其中两架FBA19型驻"镇海"舰，队员以白俄飞行员为主。1931年九一八事变，东北海军水上飞机除驻在青岛者外，其余均落入日军之手，后转交伪满洲国海警队使用。

东北海军的实际领导人沈鸿烈难得一见的穿着海军中将大礼服的照片。沈鸿烈很少穿军服照相。

东京商船学校的清朝留学生。沈鸿烈与他的同学一同在张作霖的旗下建立了除闽系之外新的海军派系,而且一度成为中国最强大的一支舰队。不过由于他们非正式海军学校出身,被陈绍宽等自认为正统的闽系所排斥,所以沈鸿烈对闽系非常不满,连带他所成立的青岛海校也与马尾海校颇有矛盾,这一矛盾在战后被桂永清利用来整肃闽系。

# 东北海军舰队编制

（1927年北伐后）

## 海防第一舰队

巡洋舰：海圻、海琛、肇和

驱逐舰：同安

飞机母舰：镇海

运输舰：威海

炮艇：海鸿、海凫、海鹄、海鸥

## 海防第二舰队

炮舰：江利、永翔、楚豫

运输舰：定海

炮艇：海鸥、海鹤、海清、海燕、海骏、海蓬

## 吉黑江防舰队

浅水炮舰：江亨、利捷、利绥、飞鹰、江平、江安、江清、江泰、江通、利济

东北海军飞机队的机库,可见一架法国制谢莱克FBA17型水上飞机在机库内。

# 镇海

"镇海"舰为东北第三舰队海防第一舰队的水上飞机母舰,1923年7月由政记公司"祥利"轮改装(原为德国海军的运输舰),排水量2708吨,1200马力,最大航速10.8节。装备120毫米主炮2门、76毫米炮4门、7.9毫米机枪2挺。

本舰是中国第一艘飞机母舰,搭载一或两架水上飞机,虽然不是正规的航空母舰,但在当时中国军阀混战的时代已经是很强大的空中力量了。1927年3月27日,张作霖命沈鸿烈率"镇海"舰与"海圻"舰南下上海吴淞口,支援军阀部队对抗北伐军。"镇海"舰派出一架飞机由海上起飞轰炸上海,效果不大,但给对方造成极大的心理震撼,这可能是中国第一次海军航空作战,同年7月22日,"镇海"舰与"威海"舰再犯海州湾,俘获了一艘北伐军的"三江"号运输船,缴获大量军需品。(请参阅第42页彩图)

"镇海"舰也是抗战前极少数访问过台湾的国内军舰。1932年6月,该舰以东北海军青岛海校练习舰的名义访问了基隆和淡水。1937年12月12日,本舰与第三舰队其他各舰一起沉于青岛及刘公岛阻塞航道,当时舰长为汪于洋。(请参阅第43页彩图)

由于"镇海"舰的照片至今从未出现过,因此请读者参阅本书的水彩插画,那是根据东北海军宿将之后马逸夫先生小时候随父亲定居青岛,亲眼见到包括"镇海"舰在内的东北海军各舰所绘的线稿,再佐以大量考证资料绘成的,这是全世界唯一能够一睹"镇海"舰尊容的机会。

东北海军"镇海"舰上搭载的法国制谢莱克FBA19型水上飞机"304"号,可见螺旋桨已经是在前方。

# 威海、定海

　　"威海"舰曾是葫芦岛航警学校练习舰与东北第三舰队海防第一舰队的运输舰,1924年由政记公司"广利"轮改装(原为日本轮船"嘉代丸")。排水量2000吨,最大航速11节,装备120毫米主炮2门、76毫米炮4门、机枪2挺,除船员外尚可搭载50名学员。(请参阅第44页彩图)

　　传言"镇海"舰和"威海"舰是沈鸿烈为讨好张作霖"镇威大将军"的头衔而命名。1928年张学良宣布东北易帜,东北舰队改编时,因本舰性能不佳而废弃。

　　"定海"舰为东北第三舰队海防第二舰队的运输舰,1924年11月直奉战争后奉军占领大沽船坞,接收大沽造船所由海参崴购回的俄国破冰船"查·史查多·尼可"号,将其改装为本舰,1897年下水。舰长67米,吃水6.86米,排水量1100吨,900马力,最大航速10节。装备俄式77毫米快炮6门、7.9毫米机枪4挺。本舰与"镇海"舰等于1937年12月12日自沉于青岛,当时舰长为谢渭清。(请参阅第45页彩图)

# 江平、江安、江通、江清、江泰

"江平"舰、"江安"舰、"江通"舰为东北第三舰队吉黑江防舰队所辖的浅水炮舰，三艘都由戊通公司的内河商船改装，"江平"舰原名"江宁"号，"江安"舰原名"同昌"号，"江通"舰原名"江津"号。其中"江平"舰与"江安"舰分别是1898年与1904年在英国建造，"江通"舰1908年在俄国建造，三舰于1924年4月17日改装为军舰。（请参阅第46页彩图）

三舰都是木壳船身，明轮推进。"江平"舰身长47.5米，宽5.48米，吃水1米，排水量350吨，300马力，最大航速7.5节，乘员66人；"江安"舰舰长47.8米，宽5.76米，吃水1米，排水量380吨，350马力，最大航速4.5节，乘员66人；"江通"舰舰长45.72米，宽5.64米，吃水1米，排水量250吨，300马力，最大航速4.5节，乘员61人。各舰名义上装备120毫米假炮1门，实际上只有迫击炮1门和机枪4挺。

三舰于1929年10月的中苏三江口之役中都被苏军击沉，次年捞起修复重用，但"江安"舰因弹药库被击中炸成两节，已经完全被毁，无法重用。1931年九一八事变后，所有吉黑江防舰队的炮舰为日本人接收，各舰于1942年在伪满洲国江防舰队任内废弃。

"江清"舰、"江泰"舰也是东北第三舰队吉黑江防舰队所辖的浅水炮舰，原为俄国的内河明轮商船，1897年建造，排水量255吨，舰长48.38米，宽9.6米，吃水1米，最大航速7.5节，装备2门47毫米炮、2挺机枪。

两舰都在1929年10月12日的中苏三江口之役被苏军击沉，"江泰"舰长莫耀明阵亡。次年，"江清"舰被打捞起修复重用，1931年九一八事变后被日本人接收。当时的"江清"舰长胡筱溪不甘投敌，与"利绥"舰长张衍学一同逃往青岛，两舰后来成为伪满洲国江防舰队成员，1942年废弃。

# 利济、海骏、海蓬、海清、飞鹰、飞鹏、利用

"利济"舰原为中东铁路局第6号巡船，1897年完工，1924年4月17日改为东北第三舰队吉黑江防舰队的浅水炮艇，重新命名为"利济"号。舰长46.32米，宽7.32米，吃水1米，排水量250吨，最大航速18节。装备1门五管机炮、2挺机枪。

"利济"舰于1929年中苏三江口之役被苏军击沉，次年捞起修复重用，1931年九一八事变后为日本人接收。1932年10月18日从富锦装载货物抵达同江卸货返回时，舰长范杰下令处死舰上日本指导员及电务员，率全舰65名官兵上岸投奔抗日游击部队。

炮艇"海清"号排水量170吨，300马力，最大航速9节；"海骏"号排水量45吨，187马力，最大航速7节；"海蓬"号排水量35吨，75马力，最大航速6节。三艘炮艇都只安装了2门小炮。"海骏"艇在1929年的三江口之役被苏军俘获，改名"Pobieda"号。另外还有排水量20吨，最大航速35节的"飞鹰"号，装备机关炮1门。

"飞鹏"号是原日本海军于日俄战争时代使用的鱼雷艇"白鹰"号，由德国建造，1899年6月22日完工，日俄战争后退役，改为民用客船"宇部丸"。1926年1月18日被中国东北海军（东三省海防舰队）购入，当时已拆除全部武装。本舰排水量127吨，乘员50人，首任舰长谢渭清，其他资料不详。1929年东北易帜时因武备补充困难而退役，实际未曾服役。

另有一艘"利济"号，为隶属东北第一舰队的运输船，1916年完工，排水量375吨，最大航速13节，其余资料不详。

东北海军江防舰队的浅水炮舰冬天时被封冻在松花江动弹不得,有好几个月的时间是完全没有作用的,这是南方的海军所无法想象的。

# "东乙"号驳船

"东乙"号驳船是东北海军的传奇，她并非军舰，而是1928年10月20日哈尔滨东北造船厂下水的一艘无动力驳船。

1929年，中苏因东清铁路之争在黑龙江、松花江与同江的交会处爆发战斗，也就是三江口之役，沈鸿烈以兼任东北航务局董事长身份征调该局所有的"东乙"号驳船来充当火炮载台。由于苏联黑龙江舰队的浅水重炮舰仗着火炮射程优势，每次都是开到江心下锚开炮，吃定东北海军舰艇的小炮射程不够，根本不担心会遭到还击，因此放心大胆下锚固定船位，以保证远距离射击的准确度。

沈鸿烈发现苏军战舰的规律，秘密在"东乙"号驳船装上两门由日本方面借调而来的日制120毫米炮及其他副炮，事先隐藏在同江浅滩芦苇中并以伪装网覆盖。沈鸿烈派青岛海校的炮术教官张楚才根据现场精确测量，务求不经校正射击第一发就命中，以达到奇袭的效果。

在隐蔽潜伏一段时间后，10月12日苏联舰队出动，当其下锚准备发炮时，"东乙"号驳船出奇不意开火，第一炮就击中苏军旗舰"雪尔诺夫"号（RUS Sverdlov）的舰桥，当场造成苏军司令勃斯特屈阔夫（Admiral Pstozhekov）及参谋、舰长等共70余人伤亡，另有四艘苏舰起火，苏联舰队连忙撤退。后来"东乙"号驳船位置被苏军飞机发现遭到攻击，虽然"东乙"号驳船因船身低矮又有掩蔽，暂时躲过了攻击，但负责拖曳"东乙"号驳船的"江安"舰被苏联飞机击中锅炉爆炸断成两节，"东乙"号驳船已经无法移动，火炮也都被苏军飞机击毁，只好自沉。

此图为"东乙"号驳船 1928 年 10 月 20 日下水时所摄,船身上汉字与俄文并列。

"东乙"号驳船甲板正在加装火炮,可见除了120毫米炮,还加装了机关炮等小口径防空武器。

# 东北海军的战役与事件

1927年，由于闽系的中央海军倒戈投效北伐军，张作霖命令沈鸿烈率"海圻"舰与"镇海"舰南下支援，3月27日抵达上海吴淞口。伪装成商船"大昌"号的"镇海"舰派出一架水上飞机起飞轰炸江南造船厂，效果虽然不大，但造成对方极大的心理震撼，这是中国第一次海军航空作战，当年在亚洲也极为罕见。"海圻"舰也击沉了停泊中的"海筹"号巡洋舰，并在宁波外海俘虏了"江利"号炮舰之后北归。同一时间，东北海军的"海琛"舰也在两个烟囱中间装上一个假烟囱冒充意大利巡洋舰，大摇大摆进入闽系控制的厦门港而未被认出。7月在海州湾，又俘获了北伐军的"三江"号运输船，缴获大量军需品。

沈鸿烈连续的大胆行动让闽系海军风声鹤唳，东北海军一时威名大振，这也是陈绍宽日后效法改造两艘内河轮船为"德胜"号和"威胜"号水上飞机母舰，并坚持要向日本订造"宁海"号巡洋舰的原因。但闽系徒有装备，却没有像沈鸿烈那样具有胆识的指挥官，那些军舰终其一生没有什么惊人的表现。尽管沈鸿烈与东北海军创造了空前的战绩，却依然改变不了大势。1928年6月4日，张作霖在皇姑屯被日本人炸死，由张学良继任并宣布东北易帜，归顺南京政府。不过蒋介石不愿因统一让东北海军并入闽系的海军部，以进一步壮大闽系的声势，沈鸿烈也坚决反对，所以蒋介石顺势将东北与广东等地方海军直属军政部，但实际上仍是各自独立。

1929年，张学良想收回中东铁路路权，与苏联爆发冲突。10月12日，苏联阿穆尔河区舰队9艘舰艇协同第2步兵师在21架飞机的掩护下，向驻守同江的江防舰队发起进攻。这一役是东北海军史上的传奇，沈鸿烈在战役爆发前秘密征调"东乙"号驳船隐藏在同江浅滩芦苇丛中，船上临时装上两门日制的120毫米炮，事先经过仔细测量，当苏联舰队在江中抛锚准备开炮时，东北海军出奇不意发炮击中苏联旗舰"雪尔诺夫"号的舰桥，当场造成苏军司令勃斯特屈阔夫及参谋、舰长等共70余人伤亡。虽然开战时出奇致胜，但毕竟总体实力不如人，中东路事件最终以东北军全线失败而告终，江防舰队许多舰艇在这次战役中被击沉，有些后来捞起重用，譬如"利绥"舰，但"利捷"舰则从此退役。（请参阅第47页彩图）

1931年日本发动九一八事变，江防舰队由于无法离开内河出海，全部沦入日本人手中。当时江防舰队司令由"江亨"舰长尹祚干代理，尹祚干受日本人诱惑，成为最早的海军汉奸。丧失东北根据地后，经济来源断绝，东北海军能出海的大舰移往青岛，为了获得经费和给养，沈鸿烈出任青岛市长，这成为后来东北海军几次叛变的远因。

1933年初，沈鸿烈在崂山检阅海军后由各舰长陪同来到下清宫开会，不料第一舰队司令凌霄（沈鸿烈的留日同学）伙同"海圻"舰长方念祖等人将沈鸿烈扣押在房内，逼迫他辞去东北海军副总司令一职，并让沈鸿烈打电报给南京政府，推荐凌霄继任。原来自1931年底沈鸿烈出任青岛市长后，凌霄等人多次要求让他们在市政府任职，但都遭沈鸿烈以军人不宜干政为由拒绝。凌霄认为沈鸿烈吃独食不顾同学利益，怀恨在心，所以在崂山下清宫将沈鸿烈扣押。

沈鸿烈被扣押的消息传到东北海军的中下级军官耳里，姜西园与冯志冲等人立刻率领武装士兵分乘几艘小艇登陆包围下清宫，救出沈鸿烈。沈鸿烈被救后并没有为难凌霄，只是限期令他们离开东北海军。崂山事件平息后，营救有功的姜西园与冯志冲等葫芦岛航警学校出身的军官又向沈鸿烈提出兼职市政府官员的要求，仍被沈鸿烈拒绝，这让葫芦岛派军官心生不满。

同年6月24日下午，沈鸿烈在青岛大港乘冯志冲带的小艇去"海圻"舰视察，沈鸿烈登艇后，冯志冲突然掏出手枪向他射击，但被沈鸿烈的侍卫推落海中后逮捕，当晚冯志冲就被判处死刑枪决，沈鸿烈通知各舰队司令、舰长第二天来总部开会。姜西园担心事迹败露，冯志冲的葫芦岛海校同学也为"叛变的没事，救人的反被毙"而感到愤愤不平，串联"海圻"舰、"海琛"舰、"肇和"舰葫芦岛系军官连夜起锚开出青岛，南下投奔广东陈济棠。（请参阅第50页彩图）

由于最大的三艘主力舰只叛逃，东北舰队元气大伤，沈鸿烈也因最信任的部属一再叛变而心灰意冷，向南京坚辞离开海军，后专任青岛市长。中央任命谢刚哲接任舰队司令，并将东北舰队改称第三舰队。此时的东北海军已经是回光返照，来日无多了。

1937年抗日战争开始，12月12日，沈鸿烈下令把第三舰队全部舰艇沉入青岛港阻塞日军，在沉船前，先把舰上火炮拆下组成海军炮兵队，且战且走往内地撤退，最后逐渐被整编而消失。青岛海校则迁往四川与电雷学校合并，最后也停办了。

抗日战争爆发后，由于东北海军与日本关系密切，投日的人不少，前述尹祚干就是沈鸿烈的留日同学。他在九一八事变后投日出任伪满洲国的江防舰队司令，1941年又改投汪精卫伪政府，担任南京军港司令，1945年战败后隐姓埋名逃往台湾。

还有一个沈鸿烈的留日同学，因崂山叛变事件而离开东北海军的凌霄。他在1940年投奔汪伪政府，曾任汪伪海军部政务次长并于1945年1月15日升任海军部长，晋升海军上将。1946年6月24日依汉奸罪名在南京被枪决。

因崂山叛变事件而离开东北海军的另一名沈鸿烈留日同学刘田甫，则在抗战期间担任驻美海军少将武官，是负责交涉美援八舰的经办人，是林遵与杨元忠等人的顶头上司。

原名姜炎钟的姜西园曾是沈鸿烈的助理，在中苏三江口之役时仅是上尉参谋。他率领三大舰叛变南下后原以为可以成为广东海军的头面人物，却被老奸巨猾的陈济棠借故驱逐，只好在上海当寓公，汪精卫成立伪政府后，姜西园投靠汪伪政权任海军部中将政务次长兼中央海校校长，抗战后也以汉奸罪名被枪决。

沈鸿烈离开青岛后1942年在重庆出任农林部长，1946年调任浙江省主席，1948年任铨叙部长，1949年随国民党逃往台湾，任国策顾问，长居台中，于1969年去世。

# 东北海军与青岛系

张氏父子及沈鸿烈都极为重视海军教育，因而产生了对中国海军影响深远的"青岛系"，这必须从1923年4月葫芦岛航警学校的创立开始说起。之所以称为"航警学校"，为的是避免地方办海军，造成分裂国家的印象，1930年正名为葫芦岛海军学校，并将哈尔滨商船学校毕业生并入（第三期）。九一八事变后学校先迁往威海卫，1933年8月再迁青岛，改名青岛海军学校，所以青岛海校的名称实际上要到1933年之后才有。

青岛海校在抗战期间迁往四川与电雷学校合并，所以电雷学校第三、四期也比照青岛海校的毕业班次。青岛与电雷两校与闽系之间的矛盾最深，所以当桂永清1948年当上海军总司令，想要整肃闽系时，就拉拢这两所学校毕业的海军军官作为自己的人马，很浅的年资就能获得很高的职位，这在陈绍宽闽系海军的时代是不可思议的事情，"青岛系"之名也由此而来。

沈鸿烈曾经对中国海军的四个派系做过评价。他认为马尾海校完全采用英国式教育，学生学识好专业强，但战术训练不足，战斗精神差，像学者而不似军人；东北海校完全是日本式教育，注重战斗精神及体魄训练，虽然学识不如马尾，但却是真正的军人；广东由于临近港澳，经商性格特强，利用海军舰艇做运输，甚至走私都不是新闻，粤系与闽系都受英国海军影响，双方矛盾较少，部分粤系军官甚至被归入闽系；电雷学校相较其他海校受业时间最短，学识基础相对不足，但自命为"海军的黄埔军校"，有"天子门生"之意而善于政治斗争。

在国民党败退台湾后，青岛系成为国民党海军的主流派系，代表人物包括第三任海军总司令，后任"国防部"副部长、"总统府"秘书长的马纪壮（青岛海校第三期）；第六任海军总司令，后任联勤总司令的刘广凯（青岛海校第四期）；第八任海军总司令，后官至参谋总长及"国防部长"的宋长志（青岛海校第四期）；第九任海军总司令邹坚（青岛海校第五期）。其他获得海军上将的还有曾任副参谋总长的俞柏生（青岛海校第三期）。

尽管青岛系影响国民党海军四十年，但张学良同父异母的四弟张学思却是中国人民解放军海军少将参谋长。张氏父子建立东北海军的影响恐怕远超过我们的想象。

# 广东海军

# 关于广东海军的舰艇

广东海军可说是中国近代海军中最早建立的一支舰队，自 1867 年两广总督瑞麟向英法购买飞龙舰、安澜舰开始，在 1867 年至 1868 年间就借由外购途径建立了一支拥有 7 艘炮船的小型舰队。广东海军舰艇的特色是舰小质差却量多，这多少与她的任务以缉私捕盗为主有关。

广东海军在 1885 年中法战前就已拥有舰艇 36 艘，至 1890 年更增加至 62 艘。1894 年曾派遣广甲舰、广乙舰和广丙舰三大舰北上参加甲午海战，最后三舰全部损失。民国成立后，粤方曾将宝璧舰、广海舰、广庚舰、广金舰、广玉舰等舰交给中央以统一海军，但袁世凯死后，中国进入军阀割据时代，广东海军再度成为地方海军的一股势力，但仍延续舰小量多的特点直到抗战前。

广东在中国各省当中本就是独立色彩比较浓厚的省份，尤其因为靠近香港，受英国的影响更甚。本来广东舰队的舰艇传统是以小型炮舰居多，1917 年孙中山在广州组织军政府，海军护法舰队南下，带来了原属中央的海圻舰、海琛舰和肇和舰等大舰，广东海军声势大振，虽然后来各舰又纷纷叛逃投奔北方，但如永丰舰、飞鹰舰、舞凤舰等舰从此就留在广东，成为其主力舰了。

根据资料，北伐前广东舰队的舰艇总实力如下：

一等舰（300 吨至 1000 吨）：中山、飞鹰、广金、民生、自由、舞凤、江大、江汉、江巩、江固、安北、福安、宝璧、广庚、广州共 15 艘。

二等舰（150 吨至 300 吨）：广北、平南、龙骧、安平共 4 艘。

三等舰（100 吨至 150 吨）：东北、北江、广安、广亨、飞鹏共 5 艘。

四等舰（100 吨以下）：雷干、雷震、雷兑、雷坎、雷离、湖山、安新、绥江、光华、安南、飞顺、鹏举、宣汉、宝大、智利、准捷、长州、利琛、江平、福海、江顺、江澄、海防、安顺、普安、金马、西与共 27 艘。

五等舰（30 吨以下）：江都、操江、广干、广捷、侨与、存济、粤与共 7 艘。

虽然北伐军以广州为根据地，但广东海军并未参与，1928年北伐完成，蒋介石在形式上统一中国后，统一全国海军的问题再度提上议事日程。由于不愿闽系掌控的海军部因为接收广东舰队而壮大声势，在还没有培养出嫡系的海军干部足以掌握全局的情况下，蒋介石宁可让其继续分裂下去，所以造成了海军部只管闽系海军（第一、第二舰队），而广东海军（粤海舰队）与东北海军（第三舰队）分别直属军政部，另外又搞出一个电雷学校，成为一国四制的奇怪现象。

广东海军与东北海军关系密切，因为海圻舰、海琛舰、肇和舰在这两支海军之间来回投奔已经数次。1923年温树德带领三舰北逃组成渤海舰队后归并于东北舰队，1933年7月三舰又从东北海军脱离南下投奔广东。

比起其他省份，抗战前主政广东的军头如李济琛、陈济棠，对建设海军仍算来得积极，不过受限于财力，只能以小型浅水炮舰与鱼雷艇为主，吨位都极小，以数量计却也颇为可观，而这正是广东海军的特色。广东方面本身有黄埔石坞可建造小船，但许多舰艇都是在香港建造的。在海军教育方面有一所黄埔海校，成为一支派系。

事实上，广东海军属于南京军政部只是名义上的，南京方面也无时不刻不想分化广东海军，海圻舰、海琛舰、中山舰就是在1935年7月被收编的。直到1936年7月陈济棠被迫辞职后，广东海军总算臣服于中央（此中央指的是蒋介石而非闽系的海军部）。不久抗战爆发，1937年9月日军进犯广东，粤海舰队几乎全军覆灭。到了战后，中国的情势已非昔比，独立的广东舰队已不可能再存在了。

# 海周

"海周"舰为隶属广东舰队的炮舰,是陈济棠于1935年春天以港币30万元自英国购入的,原来是1916年建造的1250吨埃尔比斯级炮舰的"本斯特蒙"号(HMS Penstemon),但当时已经退役,拆除了全部武备。广东舰队重新武装时,仅在舰艏装上1门120毫米主炮,副炮仅有4门2磅炮,火力微弱,但在以小炮艇为主的广东舰队中已经算是主力大舰。舰长81.6米,宽10.2米,吃水3.3米,2座锅炉,1座往复式蒸气主机,单轴,1400马力,最大航速17节。(请参阅第51页彩图)

本舰成军后并不属于广东海军,而是拨给两广盐运使陈维周(陈济棠胞兄)作为缉私之用,所以用他的名字将本舰命名为"海周",陈济棠派亲信郭文辉为舰长。本舰与"肇和"舰一起参加了1937年9月25日的广东虎门海战,"海周"舰主动出击迎战日军的"夕张"号轻巡洋舰以及两艘驱逐舰,被日舰击伤,拖回新洲搁浅待修,火炮被拆往虎门炮台使用,当时舰长为陈天得,之后"海周"舰的船体被日机炸沉于黄埔。

后来汪伪海军广东要港司令部的旗舰"协力"舰有人认为可能是"海周"舰被打捞后整修交给汪伪海军的,但无确切证据证实。"协力"舰于1943年3月27日在广东顺德马宁河触水雷爆炸沉没,当时舰上的广东要港司令汪伪海军中将萨福畴及其随员7人被游击队俘虏,后被送往重庆枪决。

难得一见的广东海军"海周"舰的照片,可见她的舰体结构已经改变,增加了舰楼,从而与英国埃尔比斯级炮舰出厂的原貌不同,所以后人根据同级舰照片绘制的"海周"舰线图因都不知道有此改变而产生错误。注意其第一根烟囱上的图案。

# 海虎

"海虎"舰是李济琛主政广东时代通过香港商人向外果采购的舰艇。原为英国海军炮舰,有可能是"伯莱姆贝尔"号(HMS Bramble),于1898年完工,长期在远东地区服役。舰长54.86米,宽10.06米,吃水2.44米,排水量710吨,三段膨胀式蒸汽机,双轴推进,最大航速13节。本舰采购时已经退役,1928年4月抵达广州后重新武装,舰艏1门127毫米主炮,舰艉1门76毫米炮,另装2门40毫米高射炮及2挺机枪。(请参阅第52页彩图)

"海虎"舰于1937年9月25日于广东虎门之役后被日军飞机炸沉于黄埔一带,但有可能被捞起重修转交给汪伪政权海军,改名"和平"舰。

"海虎"舰可能的前身,英国海军炮舰"伯莱姆贝尔"号。

# 福游

"福游"号炮舰是广东海军购自葡萄牙退役的"帕特莱"号（Patria）炮舰。1903年6月27日下水，1905年完工，长期在澳门服役，退役后于1931年卖给广东海军，改名"福游"号。（请参阅第53页彩图）

本舰的外型是长艏楼、高干舷的设计，这通常是是大型装甲舰的外型，用在小型炮舰身上，其原因耐人寻味。舰长63米，宽8.3米，舱深2.5米，标准排水量626吨，满载排水量750吨，动力为4座燃煤锅炉，1800马力，双轴推进，最大速度16.7节。装备2门单管76毫米40倍径炮、1门单管40毫米39倍径机关炮、2门单管37毫米32倍径机关炮，乘员118人。

本舰于1937年9月在广州被日军航空母舰飞机击沉。

"福游"号炮舰是广东海军在澳门采购的葡萄牙退役炮舰"帕特莱"号。本舰长艏楼、高干舷的外观常给人以大型装甲舰的错觉，其实她只有750吨的排水量。

# 海鹙

　　"海鹙"号炮舰隶属于广东海军，她的来源与技术参数目前尚不清楚。根据照片，她的形状类似扫雷舰或拖网渔船，应该是由购买的退役旧舰改装而成。排水量约500吨左右，舰艏可能是1门47毫米炮。

　　广东海军的舰艇照片非常罕见，但这艘"海鹙"号炮舰因为在1936年8月16日的一场台风中搁浅在香港海滩，当地的报纸进行了报道，所以留下了难得的身影。其烟囱上的图案非常类似中国海关的标志，但"海鹙"号实际上是广东海军的军舰而非中国海关的缉私舰，是否有特殊用意尚待查证。（请参阅第54页彩图）

广东海军的舰艇照片非常罕见，但这艘"海鸳"号炮舰泊香港时因为1936年8月16日的一场台风搁浅岸上，当地报纸给予报道，所以留下了难得的身影。其烟囱上的图案非常类似中国海关的标志，但"海鸳"号实际上是广东海军的军舰而非中国海关的缉私舰。

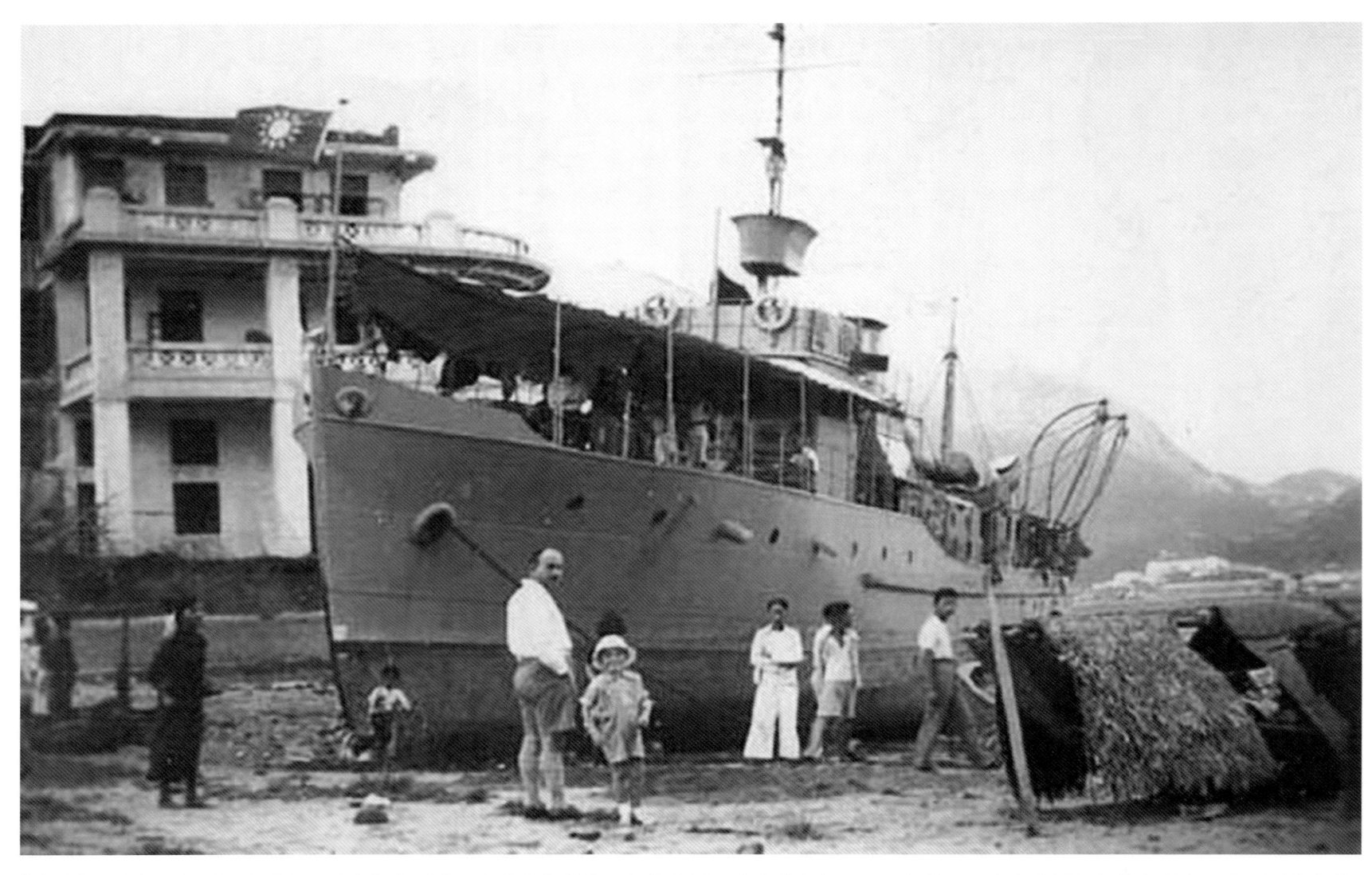

"海鹭"号炮舰因台风搁浅岸上，民众好奇围观。由她的舰艉旗可知是海军而非海关舰艇，而且舰艏已无广东海军舰艇特色的青天白日国民党徽，这种涂装方式在陈济棠主政后逐渐消失。此外注意她的舰名被装在驾驶台上方瞭望台的两侧。

# 仲元、仲凯

"仲元"号和"仲凯"号炮艇隶属广东舰队，香港太古造船厂建造，1928年10月完工，排水量60吨。命名"仲元"是为了纪念被暗杀的陈炯明参谋长邓铿（字仲元），命名"仲凯"则是为了纪念被刺杀的廖仲凯。

这两艘炮艇都在1938年10月30日于广东三水被日机炸沉。（请参阅第55页彩图）

广东海军的"仲元"或"仲凯"号炮舰。广东海军的炮舰在主桅上都有一个硕大的战斗桅盘，与舰身的体积不成比例。由于内河炮舰最主要的任务是对付盗匪，而两岸陆地都比水面来得高，在河面行走的炮舰如果要获得制高点，唯有攀上主桅，不仅是为了观测，还至少能装置机枪由高处扫射。为了架设机枪，桅盘就不可能太小，这就是所谓的战斗桅盘。小舰装上大桅盘重心升高，当然影响稳定性，但内河舰艇对航海性能要求不高，可以不必考虑这个问题。

广东海军的"仲元"号炮舰被日本军机击沉于广东内河中。

# 坚如、执信

"坚如"号和"执信"号是隶属广东舰队的浅水炮艇，香港英商卑利船坞于1929年建造，排水量140吨。

"坚如"号是为了纪念辛亥革命烈士史坚如，"执信"号是为了纪念被刺杀的革命元老朱执信。"坚如"舰于1937年9月25日在广东虎门战役中被日机炸沉，官兵死伤数十人，后被捞起修复使用，不过1938年10月30日在广东三水再度被日机炸沉。"执信"舰在三水之役担任旗舰，也同时被日机击沉，舰长李锡熙殉职，官兵伤亡38人。（请参阅第56页彩图）

广东海军的"坚如"号炮舰。本级舰被称作"铁甲炮舰"，四面围合的钢板能抵御小口径枪弹的射击，庞大的舱室可以搭载许多士兵躲藏在钢板后以步枪还击，有如水上的装甲运兵车，对付内河两岸的盗匪绰绰有余。

# 一号雷舰、二号雷舰

"一号雷舰""二号雷舰"是陈济棠主政广东时向英国索尼克罗芬特（Thornycroft）公司订造的海岸鱼雷快艇（CMB），每艘造价50万港币。艇身长16.76米，宽3.35米，吃水0.99米，排水量14吨。动力系统为2部汽油主机，950马力，最大速度高达40.3节。装备2枚457毫米鱼雷、2挺7.9毫米机枪、4枚水雷，乘员5人。广东海军于1934年1月21日接收两艇，首任艇长"一号雷舰"为邓文光上尉，"二号雷舰"为麦士尧上尉，两艇组成"雷舰第一队"，队长为梁康年中校。

这型鱼雷快艇为了能够进行火车运输，所以体积非常小，因此无法如传统鱼雷艇一样装置鱼雷发射管，而是采用特殊的槽射方式发射鱼雷。其操作原理是将鱼雷放置在艇后半部的两个滑槽中并以夹具固定，当要发射时由艇员松开夹具，让鱼雷倒退滑入水中，启动螺旋桨自航前进，这时鱼雷艇要迅速转向，以让出鱼雷的攻击路线，否则会被自己的鱼雷击中。这样的发射方式当然限制很多，准确度也大有问题，但英国人在第一次世界大战时设计这型艇的原始目的是专门偷袭港湾中锚泊的敌舰，也就是专打固定靶，所以还勉强可以应付。（请参阅第57页彩图）

"一号雷舰"曾因广东海军出身，时任南京政府军令处长陈策将军的策反，于1935年6月与意大利造的"四号雷舰"一同叛离陈济棠，脱逃抵达香港，被港英政府解除武装，直到1936年7月陈济棠下台后才返回广州。抗战爆发后的1938年10月23日，"二号雷舰"被日机击中油箱，焚毁于虎门炮台附近，次日，"一号雷舰"艇也被日机炸沉。

受到广东海军向英国采购CMB鱼雷艇的影响，电雷学校成立后也向英国索尼克罗芬特公司订造大批同级艇。

广东海军向英国订造的CMB鱼雷艇"一号雷舰",电雷学校后来也订造了大批同级艇。

# 三号雷舰、四号雷舰

广东海军于1931年底向意大利贝格雷特（Baglietto）造船厂订造的两艘鱼雷快艇（MAS431型）分别命名为"三号雷舰""四号雷舰"。本级艇在订货时比原型的MAS431型加大了排水量，从15.9吨增加到18吨，艇身长16米，宽3.95米，吃水1.30米，2部Fiat汽油主机也由原来的1500马力增加到2000马力，最大速度从原来的41节增加到43节。装备2枚457毫米鱼雷、2挺6.5毫米机枪（后改装2挺12.7毫米机枪以加强火力）、5枚水雷，乘员7人。首任艇长"三号雷舰"为陈宇钿光上尉，"四号雷舰"为邓华功上尉。（请参阅第58页彩图）

其实广东海军早在1921年就向意大利公司购入鱼雷快艇MAS218型两艘（原意大利"MAS-226""MAS-227"号），当时命名为"一号雷舰""二号雷舰"，但在1934年1月广东海军向英国索尼克罗芬特公司购入新的海岸鱼雷快艇（CMB）"一号雷舰""二号雷舰"后，旧的意大利制快艇就被报废除籍了。

MAS型艇的鱼雷是以抛射方式发射：在艇的两舷侧有夹具夹住鱼雷，当要发射时松开夹具，让鱼雷抛入水中，启动螺旋桨自航前进。相比英国制造的CMB鱼雷艇的槽射方式，这样的抛射方式较容易操作，但搭载的鱼雷艇必须有一定宽度，否则重心不稳，不像CMB鱼雷艇把鱼雷装在后方的发射槽内，艇身就可以设计得很狭窄低矮。与MAS鱼雷艇艇相比，CMB艇宽少了60厘米，吃水少了40厘米，在火车运输通过隧道时就会有差别。

1938年10月底，大批日机对广州虎门要塞附近的舰艇展开攻击。24日，"四号雷舰"被击沉，25日，"三号雷舰"也被日机击中燃烧，沉没于狮子洋水域。

广东海军向意大利订造的"三号雷舰",两挺机枪由原厂标准配备的 6.5 毫米改为 12.7 毫米以增强火力。

# 黄埔海校

广东海军有自己的海校，校址设在广州长洲岛，建立于1887年，名"广东水陆师学堂"，1893年改名"黄埔水师学堂"，1904年并入黄埔水雷局附属鱼雷班，改称"广东水师鱼雷学堂"。1912年民国后改名"广东海军学校"，1917年收归北洋政府海军部管辖，1921年因经费不足停办。1924年孙中山筹办"黄埔陆军军官学校"，所使用的正是"广东海军学校"停办后空出来的校舍。

1930年"黄埔陆军军官学校"迁往南京，广东海军宿将陈策就打算在原址恢复海军学校，但因为没有获得南京海军部许可，陈策是以第四舰队服务员训练班的名义开办的。1932年，陈策获得西南政务委员会同意设校，改名为"黄埔海军学校"，所以习惯通称"黄埔海校"的毕业生还分前后两个不同的阶段。

1938年抗日战争爆发，"黄埔海军学校"因校舍被日军炸毁而迁往广西柳州，于1939年8月奉军政部令停办，与电雷学校一同并入青岛海校，从此广东再无自己的海校。但广东因有近半个世纪自己海校的毕业生而成为中国海军的四大派系之一（其他三个派系是：马尾的"闽系"、青岛的"东北系"以及直辖军政部的"电雷系"）。

早年广东尚无海校之前就有许多广东人赴马尾就读，譬如邓世昌、程璧光，甲午战争时广东海军派三大舰北上支援北洋，与马尾海校毕业生并肩作战，所以传统上粤系与闽系之间较为融洽，有些甚至还被视为"泛闽系"，不像青岛系和电雷系与闽系的紧张关系。

黄埔海校虽然人数少，但也是人才辈出，各领风骚，譬如清末载洵筹建海军部的副手谈学衡，广东海军的领军人物、1941年底率香港英军情报人员脱逃而获得英国国王授予爵位荣衔的陈策，"重庆"舰的舰长邓兆祥，国际奥委会副主席徐亨，以及后来在台湾出任国民党海军总司令的冯启聪，其他还有陈庆堃、李北洲、钟汉波等。

中国海军中粤籍人士众多，却不一定都是黄埔海校出身。由于广东人天生具有商业与航海基因，流动性很强，在各大港埠包括海外都有许多广东人，他们加入不同的海军派系，甚至闽系中都有不少广东人。由于当年广东水师派三大舰北上援助北洋海军打甲午战争，所以闽系对广东人有患难情感，不会像与青岛系、电雷系那么剑拔弩张。此外许多香港人在英国轮船上当轮机工，他们大部分聚居利物浦，海军到英国接舰时缺少这种专业人才，所以舰上聘请了很多这种非军职的人开船回国。

1917年孙中山巡视广东海军学校。我们由两名穿着白甲配有上校阶级肩章的军官可以发现,广东海军军官的服制是比照英国的,而与海军部的规定不同。

黄埔海军学校的校门,这已经是1932年之后陈策时代的黄埔海校。

# 海关缉私舰队

# 海关缉私舰队

如果说中国海关是中国海军的先驱，那么这话一点都不夸张。最早的阿思本舰队就是由海关总税务司英国人李泰国（Horatio Nelson Lay）弄出来的，他的后任赫德（Robert Hart）更是帮助李鸿章向英国订造了包括蚊子船在内的多艘军舰。至于在由英国人控制的中国海关，缉私舰艇的采购与舰队的建立更是由英国人一手包办，成为当时中国境内除海军之外的另一支舰队。

中国海关缉私舰队一切体制悉照英国，舰长与舰上高级船员一律由洋人担任，华人只能担任低级船员和普通水手。但也因为如此，让中国海关缉私舰队成为一支高效率的部队，加上预算充裕、装备精良、训练严格，规模甚至超过了海军。（请参阅第59页彩图）

中国海关由于战争赔偿抵押给列强，所以整个海关内的高级官员全部都是列强派来的，海关最高领导为"海关总税务司"，这个职位早年照例是由英国人来担任，最早的就是李泰国，李泰国因阿思本舰队搞砸被撤职后，由他的副手赫德继任。赫德在中国海关工作长达50年，对中国海关影响深远，海关缉私舰艇一直有一艘名为"德星"舰，就是为了纪念他，直到今天，台湾海关还有叫"德星"号的缉私舰。

海关的旗帜是绿底上有交叉的黄线，这是当年李泰国为阿思本舰队设计的旗帜，由于早年中国没有国旗，所以这面舰队旗本来很可能演变成国旗，像后来中国的黄龙国旗就是由海军旗演变而来的，不过阿思本舰队最终被清廷退货，这面旗却随着李泰国在海关的影响成为中国海关的旗帜。与军舰在舰艉挂海军旗不同,这面绿底黄线交叉的海关旗挂在缉私舰的舰艏,舰艉则悬挂中国商船旗。（请参阅第60页彩图）

昔日中国海关的业务职掌范围远超过其他国家，譬如海务管理、海图测绘、灯塔与航标的建立与维护。这是由于早年中国政府无力提供安全的航运环境，造成海难频传，严重影响关税收入，各国政府向中国施压，中国政府顺水推舟将这项业务交由海关兼管，这就是中国海关缉私舰队中有许多"灯塔补给船"的由来。由海关管理灯塔的传统在台湾一直延续到21世纪之后才改变。（请参阅第62页彩图）

早年海关甚至还兼管邮务，直到清末成立大清邮政才移交业务，但曾经隶属海关受到西方人管理的影响，让中国的邮政一直不同于其他政府机构，而呈现出一种洋派作风。

# 专条、厘金、开办、飞虎、凌风、并征、流星

中国海关在最初只有在粤海关有缉私船艇派驻香港，包括四艘100吨级，命名为"江苏仔"号、"伶仃仔"号、"虎门仔"号、"珠江仔"号的蒸汽船，以及之后再向英国订造的三艘所谓巡洋舰，也就是"专条"号、"厘金"号与"开办"号（这三艘舰的命名是根据海关征税的名目）。此三舰为英国阿姆斯特朗米歇尔造船厂建造，1887年下水，1888年3月24日由英国驶回中国，1889年抵华，都驻粤海关。

三舰的排水量"专条"号是379吨，"厘金"号与"开办"号各是270吨，最大航速10节。装备127毫米炮2门、3磅炮2门。"专条"号战前在江汉关服役，抗战初始避难香港，于1941年12月25日与其他18艘海关缉私舰艇一起自沉于九龙水域，该舰可能后被日军捞起改名"专条丸"，战后下落不明。

"飞虎"号、"凌风"号是1868年购入，法国式设计，三根桅杆可并用风帆。铁肋木壳，船长39.7米，宽7.37米，排水量319吨，双轴推进，武器包括2门20磅炮，以耳台方式装置，舰艏1门旋转角度90度的格林炮。"飞虎"号后拨交北洋舰队，其余资料不详。

"开办"号1888年购入。船长41.2米，宽7米，吃水3.5米，排水量270吨。"并征"号于1920年至1925年之间在英国建造，长64.6米，宽9.14米，排水量819吨，舰艏装备1门157毫米主炮，另有4门120毫米与1门89毫米副炮。本舰与"海星"号、"流星"号、"海光"号等船一起编为航标船，隶属海关的海务船队，白色涂装，除本舰专驻厦门外其他各舰的母港是上海。本舰在抗战时被日军俘虏，并在战时被美军飞机击沉于厦门港，战后打捞整修后随国民党政府撤台，于1967年退役。

"流星"号为日本川崎造船厂于1902年建成，钢质船壳，舰长59米，宽8.38米，排水量724吨，双轴推进。

海关缉私舰"专条"号。

海关缉私舰"专条"号水兵合影。

海关缉私舰"开办"号。

海关缉私舰"开办"号。

海关缉私舰"厘金"号。

海关缉私舰"凌风"号。

海关缉私舰"飞虎"号。

海关缉私舰"飞虎"号水兵合影。

海关缉私舰"并征"号。

海关缉私舰"流星"号官员与水兵合影。七名官员全部都是洋人，华人只能当水手。

# 江苏仔、伶仃仔、虎门仔、珠江仔

"江苏仔"号、"伶仃仔"号、"虎门仔"号、"珠江仔"号四艘小轮船是1887年粤海关派驻香港的缉私船艇,另外还有三艘内燃机艇搭配。1910年海关总税务司向英国订造的"专条"号与"厘金"号入列,才初具九艘舰艇的规模。

"江苏仔"号、"伶仃仔"号、"虎门仔"号、"珠江仔"号装有100马力蒸汽往复式主机以及连珠炮等武备。

九龙关缉私艇"九龙仔"号。

九龙关"虎门仔"号缉私艇的水兵操作三管连珠炮。

天津关缉私艇"白河"号。

# 福星、海星、春星、华星、联星、飞星、德星、和星、文星、运星、叔星、查星、海平、海辉、海澄、海安、海晏、海清、海绥、关权、关雷、关衡、关威、北斗、长庚、海光、净光

民国之后，海关仍持续建造新的缉私舰艇，并以"星"字号命名。总计1934年抗日战争爆发前，中国海关拥有大型缉私舰26艘，小型巡逻艇40余艘。

其中最大的"福星"号由挪威籍商船"麦佩尔·莱尔"号（Maple Leaf）改装而成，1937年购入，标准排水量3841吨，满载排水量6800吨，装备英制3磅炮1门，乘员120人。本舰在舰桥前端装设龙门式吊艇架以作为高速汽艇母舰，搭载10艘英制高速快艇，在浙海群岛间水道利用地形分头围捕走私船，颇具成效。

"海星"号与"春星"号为上海杨树浦造船厂建造，1924年下水。舰长79.2米，宽8.5米，排水量1960吨，蒸汽主机，双轴推进，装备英制3磅炮1门及马克沁机枪1挺，其余规格不详。

"华星"号、"联星"号与"飞星"号缉私舰为同级舰，1932年江南造船厂建造，长45.1米，宽7.9米，舱深4.2米，吃水3.1米，排水量592吨，2座烧煤锅炉，2座三联式主机，940马力，最大航速12节。

其中"飞星"号原为香港水上警察监视艇，曾被英国皇家海军征用为特设炮舰，后被中国海关买下。

"德星"号、"和星"号两艘为同级舰，1933年江南造船厂建造，长51.9米，宽9.8米，舱深5米，吃水3.4米，排水量1032吨，1770马力，最大航速13节。

"文星"号、"运星"号两艘为同级艇，1933年江南造船厂建造，长43.6米，宽7米，舱深4米，吃水2米，排水量340吨，使用德国进口的MAN柴油主机，1400马力，最大航速15节。

"叔星"号、"查星"号两艘为同级艇，1933年江南造船厂建造，长44.2米，宽7米，舱深3.7米，吃水1.2米，排水量234吨，装有2具柴油主机，1400马力，最大航速14节，专用于广东水域和珠江三角洲流域。

海关还在上海江南造船厂建造一批排水量500吨级的大型缉私艇："海平"号、"海辉"号、"海澄"号、"海安"号、"海晏"号、"海清"号和"海绥"号七艘。其中"海平"号与"海辉"号为同级艇，1933年建造，长42米，宽7.3米，舱深4.5米，吃水2.7米，排水量395吨，2座烧煤锅炉，2座三联式引擎，800马力，最大航速13节。

　　"海澄"号、"海安"号、"海晏"号三艘为同级艇，1933年建造，长41.7米，宽7.6米，舱深3.4米，吃水2.4米，排水量443吨，1040马力，最大航速13节。

　　"海绥"号、"海清"号两艘艇长41.9米，隶属浙海关。

　　1934年，海关还向香港太古船厂订造四艘"关权"号、"关雷"号、"关衡"号和"关威"号缉私快艇。本级艇身长13.7米，宽0.7米，排水量80吨，动力系统采用汽油主机，装备4挺机枪。

　　各舰艇分别隶属于三个缉私舰队：华中缉私舰队总部设在上海江海关，华南缉私舰队总部设在香港九龙关，华北缉私舰队总部设在烟台海关。

　　另外，海关在1920年到1925年之间向英国采购了"北斗"号、"长庚"号与"海光"号等舰艇，其中"北斗"号与"长庚"号排水量约200吨，"海光"舰排水量约600吨，作为航标船，隶属海务船队，驻上海。

　　中国海关舰队驻上海的缉私舰艇于1937年淞沪会战爆发后于10月15日全被日本掳去，只留下"流星"号及"净光"号两艘船勉强维持港口航标作业。

　　被日军掳去各舰中，"福星"号由于所携快艇与电雷学校突袭日军旗舰"出云"号的"史-102"号鱼雷艇十分类似，所以在战争一开始就遭到日军"出云"号炮击，不久即被日军强制征用改为工作船"白沙丸"（SS Hakusa），1945年6月8日作为特设运输舰在南太平洋的瓜达尔卡纳尔岛海域被美国海军SS-245"卡伯拉"号（USS Cobia）潜艇击沉。

　　"查星"号于1937年12月在香港水域被日军俘虏，"文星"号和"运星"号两艘缉私艇在长江被俘获，在整修后加装40毫米炮1门、机枪4挺，作为九江警备队的巡逻炮艇。

　　"飞星"号1937年12月被日军俘获，1938年10月10日被改为海洋观测船"第三天海"丸，1945年日军投降后送回中国归还海关，还同时将当年北洋舰队的遗物"镇远"舰船锚与"靖远"舰锚链一同运回。

"华星"号与"联星"号原属华北缉私舰队，七七事变后南下上海避难，淞沪会战时被日军掳获。"华星"号被改为工作船，曾参与打捞"平海"舰作业。

"春星"号于1937年抗战爆发后避往香港，1941年12月太平洋战争爆发前夕被港英政府征用（同时共有六艘中国海关舰艇被征用）。当香港于1941年12月25日被占领后，共有18艘在香港避难的中国海关舰艇自沉，部分舰艇可能被日军打捞起来重用，但到战后都已消失而无从查考。这六艘被香港征用的海关巡逻舰艇还与战后英国赠送的"重庆"号巡洋舰有关。当时英国有意将原来说好的赠送改为租借，中国便提出偿还六艘被征用的海关舰艇，英国无法交出，才同意以无偿赠送名义移交"重庆"舰。

以上所列仅为海关的主力舰只，还有许多小型关艇服役于各地方内河关口，型号繁杂，在抗战时的经历也很不清晰，本书以图为主，文字篇幅有限，故只能从略。事实上中国海关缉私舰艇在抗日战争中几乎损失殆尽，战后大量采购盟军的剩余物资重新建立缉私舰队，此时的舰艇大多为美国海军的扫雷舰与后勤舰只，这些新列装的舰艇仍依照"星"字号的原则命名。

※ 中国海关缉私舰艇的"星"字号命名有些来自海关重要人士的名字，这些舰名在台湾沿用至今。举例如下：

"德星"号：赫德，海关总税务司，英国人。

"联星"号：安格联，海关总税务司，英国人。

"和星"号：梅乐和，海关总税务司，英国人。

"文星"号：宋子文，财政部长，华人。

"叔星"号：张叔玉，关务署长，华人。

"运星"号：张福运，关务署长，华人。

"福星"号：张福运，关务署长，华人。

海关缉私舰"海星"号。这艘"海星"舰在战时损失，1949年载运黄金去台湾的"海星"号是战后由布网舰改装的灯塔补给船，并非图中这艘。

海关缉私舰"华星"号由上海海军江南造船厂建造。

| 五色共和—民国初年舰船图集 1912—1931 |

海关缉私舰"德星"号在上海海军江南造船厂的下水典礼。

海关缉私舰"德星"号。

海关缉私舰"德星"号。

海关"海平"号、"海辉"号两艘缉私艇在上海海军江南造船厂的下水典礼。

海关缉私艇"海绥"号在上海海军江南造船厂的下水典礼。

海关缉私舰"海平"号。

中国海关缉私舰上的洋员合影。

| 海关缉私舰队 |

清末海关总税务司赫德检阅中国海关缉私舰。早年海关缉私舰队的组织运作形式与海军十分接近。

# 江隆、江平、江星

抗日战争前的中国海关除在上海关有大型缉私船外，在内河各关譬如九江配有小型缉私船"江隆"号、"江平"号，江汉关配有"江星"号。其中"江星"号于1938年8月2日在离汉口15公里处巡视灯塔航标时被日军飞机击沉，英国籍艇长与两名华籍关员死亡，另有5人受伤。

# 澄海、开海

"澄海"号为烟台海关订造的缉私舰艇，上海江南制造厂建造，1911年完工，造价3.3万两白银。艇身长30米，宽5.18米，舱深2.7米，吃水2.4米，排水量150吨，350马力，最大航速11.5节。

同一年上海江南造船厂还为松花江海关建造不知名的巡逻艇一艘，可能是"开海"号。该艇长21.6米，宽4米，深1.4米，蒸汽主机1台，60马力，最大航速9节。

清末建造的松花江海关缉私舰"开海"号。（马幼垣教授提供）

水警舰艇

# 伯先、复炎、嘉禄、黎明、复兴、镇虞、靖湖

"伯先"号是江苏省水上公安局于1929年委托江南造船厂建造的巡逻炮艇，后被电雷学校借用，于抗战时沉没。同一批订造的还有"复炎"号与"嘉禄"号。

"伯先"号长38.7米，宽6.1米，舱深2.7米，吃水1.8米，排水量220吨，400马力，最大航速11节。

"复炎"号长20.4米，宽3.7米，舱深1.9米，吃水1米，排水量31吨，110马力，最大航速10节。

"嘉禄"号长38.7米，宽3.7米，舱深1.2米，吃水0.7米，排水量24吨，80马力，最大航速9节。

"黎明"号与"复兴"号二艇是1932年江西省保安处委托江南造船厂建造的巡逻艇。长24.9米，宽4.6米，舱深1.4米，吃水0.7米，150马力，排水量43吨，最大航速10节。

"镇虞"号巡逻艇隶属于江苏省常熟公安局，由大中华造船厂1930年制造。艇身长19.7米，宽4米，舱深1.4米，吃水0.9米，排水量40吨。本艇于1937年11月10日在江苏为日军俘获。

"靖湖"号是清末江苏省督练公署于1908年向上海求新造船厂订造的巡逻艇，长21米，宽4米，舱深2.1米，吃水1.1米，排水量不明，主机44马力，最大航速11节。本艇使用状况不详，最后情况也不明。

江苏水上警察厅"伯先"号水警艇。

江西省保安处"黎明"号炮艇。

江西省保安处"复兴"号炮艇。

（左图）隶属于江苏省常熟公安局的"镇虞"号巡逻艇为大中华造船厂1930年制造，1937年11月10日在江苏为日军俘获。图为该艇停泊在上海大中华厂码头，艇艏艉都竖起日本国旗，显示征用本艇的是日本陆军而非日本海军。

（右图）上海租界的河道警察单位被称为"巡江吏"（River Police），在黄浦江中有一艘趸船作为总部，趸船的后方是"策电"号炮艇，她是清朝向英国订购的蚊子船，民国后成为淞沪水陆警察单位的水警船。

水警舰艇

# 超武、新宝顺、太安、海平、海静、海鸥、海鹘、海光、海声、克强、致果、翊麾

根据资料，浙江省外海水警局先后装备有"超武"号、"新宝顺"号、"太安"号、"海平"号、"海静"号、"海鸥"号、"海鹘"号、"海光"号、"海声"号、"克强"号十艘舰艇。

"新宝顺"号曾在抗战时被日军俘虏，抗战胜利日军投降后归还，之后成为"浙海反共救国军"的炮艇，驻守在大陈，1950年7月12日在大陈披山岛被解放军海军炮艇击沉。

"海静"号与其姊妹舰"海平"号原为浙江海警局所有的两艘巡逻炮舰，1922年由上海求新造船厂建造。舰身长41.45米，宽5.2米，排水量1000吨，舰艏艉各装有1门76毫米炮，乘员约80人。

"海静"号后来被欧阳格以私人关系借用（欧阳格曾任浙江海警局长）而成为电雷学校的练习舰，并将舰艉的76毫米炮拆除改装吊杆，兼做布雷舰用。本舰于1937年8月被日本海军航空队的轰炸机重创，搁浅于江边，舰艉半没水中，船头搭于岸上。"海静"号曾被日军捞起整修并可能交予汪伪海军使用。至于"海平"号，则出现在抗战后载运第二舰队司令李世甲少将渡海赴台接收日本海军的记载中。

"致果"号与"翊麾"号两艇是浙江省政府于1930年向上海江南造船厂订造的炮艇，长20.1米，宽3.7米，舱深2.1米，吃水1.0米，排水量79吨，主机80马力，最大航速9节。这两艘艇的使用状况不详，最终情况也不明。

浙江省水警局巡逻炮艇"新宝顺"号被日军俘虏，可见艇艏装有一门小钢炮。

本艇在抗战胜利日军投降后归还，之后成为"浙海反共救国军"的炮艇，驻守在大陈，1950年7月12日在大陈披山岛海域被解放军海军炮艇击沉。

# 安华、安民、安宁、忠孝、仁爱、第一号巡艇至第六号巡艇、长江

"安华"号等五艘艇是1934年湖北省政府托江南造船厂建造的巡逻艇。其中"安华"号最大，长38.1米，宽6.7米，舱深2.1米，吃水1米，排水量142吨，主机736马力，最大航速13节。其次为"安民"号、"安宁"号、"忠孝"号、"仁爱"号等四艘艇，长25.2米，宽4.4米，舱深2.4米，吃水1.2米，排水量65吨，主机170马力，最大航速11节。

同一时期湖北省政府还向江南造船厂订造了六艘小型巡逻艇，分别命名"第一号巡艇"至"第六号巡艇"，其规格参数如下：长15.5米，宽3.05米，舱深1.8米，吃水0.92米，排水量18吨，主机70马力，最大航速8节。这批巡逻艇战后下落不明，可能损失于抗战期间。

"长江"号是四川军阀杨森于1932年向上海大中华造船机器厂订造的浅水炮艇，长41.2米，宽6.1米，舱深2.4米，吃水1.9米，排水量40吨，1176马力，最大航速12节。

本舰使用状况不详，最后结局也不明。有一种说法是1967年8月8日，重庆红卫兵不同派别之间的武斗引发了"红港海战"，旗舰"望江101"号就是这艘"长江"号，但没有确切证据证明。

附录

# 中国海军旗与国旗的关系

  中国近代海军始建于清末，当时中国是没有国旗的，由于通过总税务司李泰国（英人）向英国采购了一批军舰，舰上必须悬有政府的旗帜，以作为执行武装行动时的标识，以免被视为海盗。跋扈的李泰国以自己的喜好设计了绿底黄色交叉的图案作为旗帜，舰队便悬着这面旗帜来到中国，这就是著名的"阿思本舰队"。

  阿思本舰队因李泰国的野心越权而致双方不欢而散，最后以清廷放弃舰队、抛售军舰而结束，李泰国被解聘，他的这面绿底黄色交叉旗理当从此在中国消失，但由于中国海关是英国人控制，这面旗子便又借尸还魂，竟成了海关旗出现在海关缉私舰上作为舰艏旗。这面绿底黄色交叉图案的中国海关旗一直存在到1970年代，甚至今天台湾海关的旗帜仍然还有这面旗的影子：交叉与绿底！

  即使阿思本舰队夭折，清廷兴办现代海军的脚步仍没有停顿，旗帜的需求依然存在，所以在同治元年（1862）批准了以三角黄龙旗作为官船的旗号，后来就成为清朝的国旗。到了光绪七年（1881），由于三角型国旗与世界各国国旗都不相同，所以再改为长方型，这面黄底蓝龙抢赤珠的旗帜就是中国最早正式公布的国旗兼海军旗。

  民国肇建后，新国旗与海军旗的制定也颇为曲折。如果仔细看民国初年中国海军舰艇的照片就会发现，当时军舰舰艉挂的是青天白日满地红旗，可是当时的国旗却是五色旗，那面青天白日满地红旗帜其实不是"国旗"而是"海军旗"，这到底是怎么一回事呢？

  原来孙中山在革命初起的时候就请陆皓东设计了青天白日旗，希望将来建立共和后能用来作为国旗，但辛亥革命成功，各省代表会集商议国旗式样时，由于有人质疑青天白日旗太像日本国旗而被否决，最后采用了代表五族共和的五色旗作为国旗。事实上五色旗也是清朝时代的海军提督旗，所以北洋政府时代的国旗也与海军有关。

  对于代表们的批评，孙中山很不服气，于是把青天白日加上满地红之后再度提出，这是参照许多国家在制定海军旗时习惯把国旗缩到左上方四分之一位置，其他四分之三位置衍生图案或色彩的惯例，譬如英国或德国皇家海军就是这样。因为孙中山的坚持，各方终于妥协，以他设计的青天白日满地红旗作为海军旗，武昌革命的十八星旗为陆军旗（后改为与国旗同式的五色旗），国旗则仍维持五色旗式样，造成三种旗帜图案完全没有关联性的奇特现象。

所以民国初年北洋政府的军舰在舰艉悬青天白日满地红海军旗，舰艏则悬五色旗，我们看到"海容"舰在海参崴的悬旗方式就是遵照这一规定。许多人不了解这个情况，还以为从1912年开始国旗就是青天白日满地红式样。

对于各方的妥协折衷方案，孙中山仍不甘心，在1921年南北分裂南下广州成立军政府时就决定采用青天白日满地红为国旗，到了1928年蒋介石北伐统一中国后成为全国通用的国旗。1929年12月20日，国民政府明确规定海军旗与国旗同式（有些国家就是海军旗与国旗同式，譬如美国），舰艏旗则为与党旗同式样的青天白日旗，所以舰艉悬挂的青天白日满地红海军旗并不需要改变，只是将舰艏旗由五色旗换成青天白日旗，这个规定在国民党海军中一直沿用至今。

需要再次强调的是，军舰舰艉的是海军旗而不是国旗，即使图案相同，属性也还是不同。

# 民国初年的海盗问题

中国的东南沿海在历史上即以海盗闻名,到了民国初年,由于军阀内战政府无暇顾及更是猖獗,甚至一些散兵游勇就是海盗。当年香港是西方国家与中国贸易海运的枢纽,来往船只众多,船上钱财与富人也多,更成为海盗眼中的肥羊。

中国海盗与西方海盗不同,许多本来就是农民或渔民,因为生计困难而结成团伙,利用熟悉地形、海域的优势打劫过往船只,而且是整个村子男女老少都参与,所以很难分辨海盗与良民的区别。

港澳地区海盗尤其猖獗,打劫的对象多是自香港或澳门开往广州内河或广东沿岸的船只。当地海盗劫船的方式与西方海盗不大相同,很少驾海盗船海上拦劫攻击,因为这样成本与风险都高,更多的方式是假冒乘客登船,在船航行到海上时再控制船只,改变航向驶到离岛卸货,或直接抢劫旅客财物,然后由接应的快艇逃离。为了毁灭证据,抢完船后常常放火焚船,有时大量的人命损失是来自焚船而非抢劫。

香港是英国远东贸易的重要口岸,航行安全攸关庞大的经济利益,英国自然不能坐视不管,而早年香港是英国皇家海军在远东最重要的基地之一,经常派驻有大批舰艇,清剿海盗的力度与中国内地也大不相同,于是就产生了航空母舰与潜艇打海盗的罕见案例。

由于海盗在香港本岛都有眼线,缉私舰艇一出动就会通知海盗,而缉私舰艇航速慢,当到达时海盗船早已闻报而逃,因此英国皇家海军就想到利用飞机的高速来实施突袭。1927年9月底,英国利用航空母舰轮调正好两艘同时在香港的机会,派遣"竞技神"号(HMS Hermes)和"百眼巨人"号(HMS Argus)两艘航空母舰来到香港的比亚斯湾(Bias Bay,即今日的大亚湾)打击海盗。他们先以飞机进行侦察,然后从空中展开攻击,并由麦克农(L.D.J.Mackinnon)上校率领陆战队登陆,不分男女老幼全部剿灭,规模比现今打击索马里海盗还要大,手段也残忍得多。(请参阅第63页彩图)

"爱仁"号(SS Irene)被英国海军潜艇"L4"号击沉则是另外一个特例。"爱仁"号是招商局旗下的轮船,曾在1894年中日甲午战争时被征用,参加向朝鲜运兵的船队。同批的怡和洋行"高升"轮被日舰"浪速"号击沉,接着爆发丰岛海战,掀开甲午战争的序幕。

英国皇家海军使用潜艇打击海盗不是没有原因的。由于海盗在香港本岛布有眼线，无论海军或水警出动都会预先通报，让缉盗舰艇到达时扑个空。于是海军思考利用潜艇潜水航行，海盗眼线难以察觉侦测的特性来打击海盗。当时英国皇家海军在香港驻有12艘潜艇，从中调派"HMS L4"号（艇长哈拉翰中尉）与"HMS L5"号两艘，假借出海例行训练名义，实际上一出港即潜航转向门多萨湾（Mendoza bay，即今天的大潭湾）。

"爱仁"轮在1927年10月19日出港后被18名持驳壳枪的海盗劫持到大潭湾，隐身在一群中国渔船之中，加上海湾四周都是礁岩，在暗夜中很难被发现。两艘潜艇中"L5"号封锁湾口，"L4"号进入港湾侦察。到了10月20日清晨，终于发现"爱仁"轮的身影，"L4"号打开探照灯，指引102毫米甲板炮对空发射炮弹作为警告，海盗不予理会，于是"L4"号的第二轮炮弹就直接命中，击毙站在甲板上警戒的海盗。（请参阅第64页彩图）

这时"L5"号也赶来助阵。"爱仁"轮被102毫米甲板炮击中多发，但海盗仍不放弃，隐藏在船上等待英军乘小艇上船后再放暗枪，于是潜艇再度开炮，"爱仁"轮最后发生大爆炸，在第二天沉没。有资料说该轮是被潜艇发射的两枚鱼雷击沉，但当时英军潜艇是以水面姿态航行，加上对一艘老旧无武装的商船使用成本昂贵的鱼雷不免浪费，所以使用甲板炮攻击应是当时最常见的做法。

"爱仁"轮船上有258名乘客，其中14名失踪，其他英舰赶来把其余乘客救起，之后在乘客群中又发现7名海盗，最后有17名海盗在香港被处决。事后，招商局曾向法庭状告"L4"号艇长哈拉翰中尉，但法庭最后宣判无罪，理由是海军被授权击沉任何被海盗控制的船只，哈拉翰中尉反而因此获得勋章。

海盗对在中国贸易有重大利益的西方国家尤其是英国来说是一大威胁，加上中国政府不作为，因此英国必然以香港为基地出动皇家海军甚至航空母舰来进剿水匪，也使之成为世界海盗史的一大奇谈。而由于海盗与良民难辨，英军往往展开残酷的无差别杀戮，虽说海盗是国际公敌，但以现代社会的文明观来说这仍然是难以被接受的。

西方人围观被集体斩首的海盗尸体，地点可能在九龙。

# 作者姚开阳

本书的文字与插画作者姚开阳家学渊源，祖辈在长江经营轮船公司，家族中很多亲友与诸多中国近代海军历史上的关键人物都有直接的关系。姚开阳本人致力于研究中国海军舰艇超过50年，曾赴英、美、法、日各国搜集相关史料，建立了全球规模最大的中国舰船照片数据库，同时在军事杂志撰写中国军舰史专栏多年，并经常在国内外的学术研讨会上发表论文及演说，是这个领域的重量级人物。

1996年，姚开阳汇集多年研究成果，创立"中国军舰博物馆"网站，成为中文网络博物馆的先驱，在当时也是全球规模最大的网络博物馆。它完全仿照真实的博物馆建置与经营，内容从清代开始直到现在，举凡海军、水警、海关、商船，甚至伪政权、地方势力、游击队等，无所不包，无论是史料的完整性，还是数据量，都无出其右者，从此开启研究中国军舰史的风潮。2010年更创立网络杂志《中国军舰史月刊》。

姚开阳本身还是实体博物馆的设计师。他曾担任2010年上海世博会中国国家馆的创意总监，也是中国馆中台湾馆的创意总监，设计出全息动感《清明上河图》、720度全天域球幕与点天灯祈福等创新项目，在世博会上获得了巨大成功，2012年更应邀以此为主题在美国博物馆协会的年会上发表演讲。

姚开阳同时也是中国科技馆4D电影院（北京）等多个国家级博物馆工程的设计师，并拥有多项展示形式与技术的专利。在海洋馆方面，他曾经担任中国航海博物馆（上海）、中国台湾海洋生物博物馆（屏东）古代海洋电子展示、阳明海洋文化艺术馆（基隆）、海洋探索馆（高雄）等的展示设计师。

不仅如此，姚开阳还亲自学习航海技术，获得机动船驾驶与海上通信救生、重型帆船初阶与进阶等证书。航海的专业训练与实际经验让他比一般纸上谈兵的文史研究者更能深入理解资料背后的意义，更能体会海洋文化的精神。

姚开阳还是个多领域的创作者，包括电影编导、小说文学、专栏评论、美术插画与音乐、表演艺术等多个方面，跨媒体的创作能力使得他无论在海洋博物馆、主题乐园还是电影领域都游刃有余。尤其是结合舰船知识与插画的能力，才能让这本图集得以现在这样的方式问世。

姚开阳曾担任广告与3D/4D电影导演长达30多年，许多作品都与航海有关；也曾为多个博物馆与主题乐园设计监造虚拟体验潜水艇系统。他还对近代史特别有兴趣，其所创作的历史小说《中国珍珠》内容横跨整个20世纪，篇幅长达45万字，对于历史考证的细致程度，曾经让许多人误以为史实而成为论文、著作与媒体所引述的史料依据。

# 关于本书彩插

  在西方的传统海洋国家,航海、海战、海难、舰船等海事主题的画作向来是是一门显学,但是在东方尤其是华人社会,则相对稀少,能够符合专业水平的作品更是罕见。海事画作主要的形式有油画与水彩两种,油画色彩较浓郁,效果比较抢眼,但水彩更能表现海洋的水气透明层次感,也更有典雅的韵味,所以本书的画作都以水彩的方式来呈现。

  海事主题画作在西方国家有悠久的历史,当初是由于没有摄影术而不得不以人工描绘现场的方式来呈现。在摄影出现后,有人以为海事画作将全部被摄影取代,事实不然。早年由于摄影工具笨重而且并不普及,很多历史现场没有留下照片;或由于现场环境限制无法拍摄,譬如感光速度跟不上运动速度,以及夜间亮度不足以曝光;或有些角度是摄影无法达成的,譬如海战当中的第三方视角,航空器发明以前的空中俯视——这些都只有靠画家的想象才能呈现。

  摄影与画作的不同,就像新闻纪录片与电影的不同,前者是忠实的有闻必录,后者则加上画家的许多想象与美学创作成分,并不是百分之百的真实。画作能够呈现的不仅是现场的客观视觉,更包括主观的心理感觉,以及譬如对空气中水气、灰尘、温度、风向和战斗时火炮、风暴、炽热等的体感,甚至重新布局以求得画面的美感与张力。所以海事画作与摄影是两种不同的媒材,前者比后者更有价值,因为每一幅都是独一无二的艺术创作。

  要画出够水平的海事画作除了具备好的绘画技巧外,还得对舰船的细节有深入的了解,尤其是从风帆战舰过渡到蒸汽铁甲舰时代的变化。对于这一点,中国军舰博物馆庞大的图像与技术数据库提供了极大的帮助,唯有通过对不同角度、不同阶段清晰照片的观察,才能掌握舰船精细的结构,与服役过程的变化,即使欠缺数据,也能从其发展轨迹找到类似的舰船数据来佐证推论,而不致在考证上产生硬伤。

  除了静态的舰船构造,还得了解船只在海上的运动状态。不同大小与船型的船只在不同的海况下其运动特性是完全不同的,海浪的呈现方式也随之不同。这是许多"陆地画家"最大的罩门。幸好我本身受过机动船与帆船航海的训练,有海上航行经验,比一般画家有更直观的体验。即便如此,还要发挥想象力,在合于科学原理的基础上予以戏剧化夸张,来渲染气氛。海事画作还得对大海上阳光与空气、水气、烟尘之间交互的影响有深入研究。就蒸汽铁甲舰来说，烟囱冒出的煤烟与火炮发射黑火药产生的烟尘会对阳光的色彩产生影响，造成复杂的色彩变化。画家会巧妙地运用这个原理来让画作呈现瑰丽的浪漫气氛，我们看欧洲古典战争油画，譬如拿破仑的滑铁卢之役就会发现这个特点。对于操纵光的魔术，电影从业者最为擅长，刚好我是电影导演出身，拍广告片的经验超过20年，多年的外景经验让我对阳光、水气、烟尘交互对色温的影响特别敏感，更学会如何用镜头呈现甚至在现场并不存在的氛围来感动人，这一经验是传统画家较难具备的。事实上我的海事画作更像是电影，只不过它是静态的。

现在有人以为用计算机3D来做海战场景可以取代传统画作，你若比较过两种作品恐怕就不会这么认为。计算机3D容或可以把舰船的型体做得非常准确，但仅此而已，若不能加上前述元素，就会成为很机械刻板的工程画，最多做到写实，而无法呈现作者主观的心理意象，谈不上是艺术创作，有时甚至连写实都不能完全办到。譬如前述古典海战中煤烟与黑火药发射造成的烟尘，以及船只被击中燃烧的浓烟使阳光与色温发生的变化，或是万吨巨舰在大风浪中劈浪前进，巨浪扑上舰艏，水花从锚眼中喷出，这些都是实际存在但计算机很难仿真的。

不过我们仍然会使用计算机来协助水彩画创作，但是以2D而非3D为主，因为水彩多层次的透明感通过计算机的精密调整能够达到最佳的效果，也容易修正错误，让失败率降低，而且有些劳动力密集的工作可以通过计算机来分担，让画家专注于更有价值的创作，增加产出效率，否则不可能累积这么多的画作来出版。

我并不想把本书归类为军事，而是希望大家把它当成一本有收藏价值的绘本，把战争与武器转化成具有艺术品位、梦幻浪漫的美图，让女性与亲子读者也都喜欢。这本书的确有收藏价值，因为在中文市场几乎没有看到过类似的书籍出版，有其稀有性。这是当然，因为能同时具备以上所有条件的画家实在很稀有。

**海事历史插画家**

**姚开阳**